は　し　が　き

　試験問題の解答は論文や報告書と違って，限られた時間とスペース内に書く能力が要求されます。題意をしっかりくみ取って，箇条書きにするなど，要領よく簡潔にまとめなければなりません。特に計算問題などには公式や略図は不可欠ですし，法規の定義や規定は正確に覚えておくことが必要です。そのためには，試験に臨んで充分な力を発揮できるよう，日頃から試験問題に慣れておくことが大切です。

　本書はこの趣旨に基づき，できるだけ簡潔に，しかも要点をもれなくまとめて解答してあります。解答を丸暗記するのではなく，この中から基礎をマスターして応用力を身につけることが必要です。

　ここに，2020年4月から2024年2月までに行われた五級海技士（航海）の定期試験問題と模範解答をお届けします。

　本書を上手に活用するために，次の特長を有効に利用してください。

① 　問　題

　　　配列は科目順（航海・運用・法規）になっています。その中でさらに出題年月順にまとめてあります。中には繰り返して出題されているものもありますので，出題傾向を探る上で参考になるでしょう。

② 　解　答

　　　解答の一部には理解しやすいようにやや詳しい解答や注意を加えたものがありますが，実際の試験ではこれをさらに簡潔に要約するのが適当でしょう。

　本書により，出題の傾向と程度，解答の要領を知って受験の参考指針にされるとともに，一人でも多くの方が合格の栄誉を勝ちとってくださることを祈念しております。

　2018年4月の新問題より，解答及び解説は，以下の商船系高等専門学校の教員が分担して執筆しています。今後，多くの受験者にとって有効な情報を提供していきたいと思います。解答内容のご不明な点やご意見については，出版社にご連絡を頂ければ，ご対応いたします。

　　　2024年5月
　　　　　　大島商船高等専門学校：前畑航平，米盛隆信，千葉元
　　　　　　広島商船高等専門学校：清田耕司

海技士国家試験制度

　海技士国家試験は，船舶職員として必要な知識と能力を有するかどうかを判定することを目的として行われています。ここでいう能力とは，船舶職員として，必要な技術及び身体上の能力を意味し，知識とは，その技能の裏付けとなる事項を明確に知り，理解していることを意味しています。

　海技士の免許取得経路を，次図に示しますので参照してください。

免許講習

　海技士の免許取得の要件の一つとして，国土交通大臣の登録を受けた講習（免許講習）の受講が必要となっています。免許講習の受講対象者は以下に述べるとおりですが，各種の船員教育機関では，免許講習の内容のほとんどがカリキュラムの中に組み入れられていますので，それらの教育機関を卒業した者は，あらためてこの免許講習を受ける必要はありません。（注：各種の船員教育機関とは，海事関係大学，商船系高専，海技教育機構，水産高校等です。）

　船員教育機関の卒業者以外の者については，国土交通大臣の登録を受けた講習機関で免許講習を受講することになりますが，この講習が，定期試験の行われる地域で，定期試験前に行われている所がありますので利用すると便利です。

① レーダー観測者講習

　　三〜六級海技士（航海）のうち，いずれかの資格を最初に取得しようとする者

② レーダー・自動衝突予防援助装置シミュレータ講習

　　三〜五級海技士（航海）のうち，いずれかの資格を最初に取得しようとする者

③ 救命講習

　　三〜六級海技士（航海），一〜三級海技士（通信）及び一〜四級海技士（電子通信）のうち，いずれかの資格を最初に取得しようとする者

④ 消火講習

　　三〜六級海技士（航海または機関），一〜三級海技士（通信）および一〜四級海技士（電子通信）のうち，いずれかの資格を最初に取得しようとする者

⑤　航海英語講習

　　四，五級海技士（航海）のうち，いずれかの資格を最初に取得しようとする者

⑥　上級航海英語講習

　　三級海技士（航海）の資格を取得しようとする者

⑦　機関救命講習

　　三〜六級海技士（機関）のうち，いずれかの資格を最初に取得しようとする者

⑧　機関英語講習

　　四，五級海技士（機関）のうち，いずれかの資格を最初に取得しようとする者

⑨　上級機関英語講習

　　三級海技士（機関）の資格を取得しようとする者

免許取得経路（甲板部）

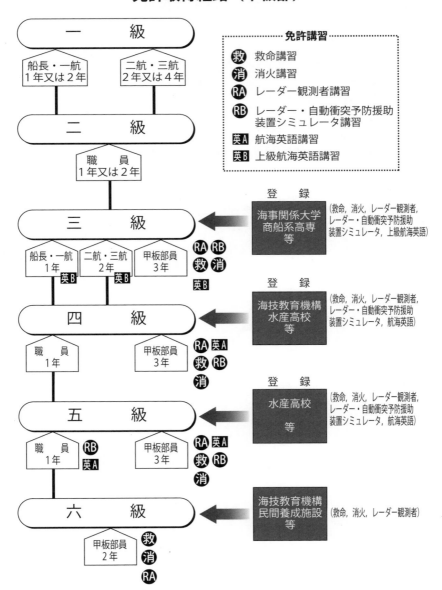

■五級海技士（航海）学科試験科目及び科目の細目

(注) ※印を付した学科試験科目及び科目の細目は，口述試験のみの対象とする。

試　験　科　目	試　験　科　目　の　細　目
1　航海に関する科目	
一　航海計器	(1)　磁気コンパス
	(ア)　自差の原因及び変化
	(イ)　自差の測定
	トランシットによる測定，太陽による測定
	(ウ)　原理及び取扱い
	(2)　ジャイロコンパス
	(ア)　誤差の修正
	(イ)　誤差の測定
	(ウ)　原理及び取扱い
	(3)　次の航海計器の取扱い
	操舵制御装置，方位鏡，音響測深機，ログ，六分儀，衛星航法装置，レーダー，自動衝突予防援助装置，船舶自動識別装置
	(4)　意思決定支援のための航海計器及びシステムから得られた情報の使用
二　航路標識	(1)　灯光，形象及び彩色によるもの
	(2)　音響によるもの
	(3)　その他の航路標識
	(4)　電波によるもの
※三　水路図誌	(1)　海図
	種類，海図図式，取扱い，小改正
	(2)　水路書誌等の利用
四　潮汐及び海流	(1)　潮汐に関する用語
	月潮間隔，大潮，小潮，平均水面，最低水面，最高水面，潮時，潮高，潮時差，潮高比
	(2)　潮汐表の使用法
	(3)　日本近海の潮流の激しい場所及びその場所における流向，流速
	(4)　黒潮及び親潮
五　地文航法	(1)　距等圏航法，中分緯度航法及び流潮航法
	(2)　地上物標による船位の測定
	クロス方位法，四点方位法，船首倍角法，方位線の転位による方法，方位距離法
	(3)　針路改正
	(4)　海図による船位，針路及び航程の求め方

六　天文航法	天体による基本的な船位の求め方
七　電波航法	レーダー及び衛星航法装置による船位の測定
八　航海計画	(1)　航路の選定及び図示（航路指定の一般通則に基づく航路の選定を含む。）

(2)　次の水域における航海計画

  (ア)　狭水道及び浅い水域

  (イ)　狭視界

  (ウ)　潮汐の影響の強い水域

  (エ)　分離通航方式

  (オ)　氷海及び流氷海域

  (カ)　海上交通サービス（VTS）海域

2　運用に関する科目

一　船舶の構造，設備，復原性及び損傷制御	(1)　船舶の主要な構造部材に関する一般的な知識及び船舶の各部分の名称

  船舶の構造，船首材，船尾骨材，舵，外板，甲板，フレーム，ビーム，キール，ビルジキール

(2)　トン数の種類

※(3)　主要設備の取扱い及び保存手入れ

  操舵装置，ウインドラス，エンジンテレグラフ

※(4)　主要属具の取扱い及び保存手入れ

  いかり，びょう鎖，チェーンストッパ

(5)　入出渠，入渠中及び上架中の作業及び注意，船体の点検及び日常の手入れ並びに塗料に関する一般的な知識

(6)　復原性及びトリムに関する理論及び要素

  重心，浮心，ＧＭ，復原力，乾舷，動揺周期，喫水及びその読み方，満載喫水線の標示，自由水が復原力に及ぼす影響

(7)　トリム及び復原性を安全に保つための措置

(8)　区画浸水による影響及びこれに対応してとるべき措置

(9)　復原性，トリム及び応力に関する図表

※(10)　応力計算機の使用法

※(11)　船舶の復原性に関するＩＭＯの勧告についての基礎知識

二　当直	次の(ア)及び(イ)を含む当直業務

  (ア)　国土交通省告示に示す甲板部における航海当直基準に関する事項

  (イ)　航海日誌

三　気象及び海象	(1)　気象要素

気温，気圧，風，湿度，雲，降水，視程
(2)　各種天気系の特徴
高気圧，低気圧，前線，気圧の谷，霧，突風，季節風，代表的な地上天気図型
(3)　地上天気図の見方及び局地的な天気の予測
※(4)　高層天気図の見方
(5)　暴風雨の中心及び危険区域の回避
(6)　気象海象観測並びにその観測上の通報手順及び記録方式に関する知識
風，雲，風浪，うねり，水温，気温，気圧

四　操船

(1)　操船の基本
舵及びスクリュープロペラの作用，操舵心得，速力，最短停止距離，旋回圏に関する用語，操船に及ぼす風及び波の影響，航過する船舶間の相互作用，側壁影響，損傷回避のための減速航行，操船上の推進機関の特徴
(2)　一般運用
(ア)　入出港
(イ)　岸壁の係留及び離岸
(ウ)　びょう泊，びょう地の選定，伸出びょう鎖長及び走びょう
(エ)　絡みいかりの解き方
(オ)　いかりの利用
(カ)　タグ使用上の注意
(3)　特殊運用
(ア)　水先船に接近する場合における操船に関する基礎知識
(イ)　浅い水域，流氷海域，河川，河口等における操船に関する基礎知識
(ウ)　狭水道における操船
(エ)　狭視界及び荒天の場合における操船
(オ)　荒天時に救命艇又は救命いかだを降下する場合における操船上の注意
(カ)　救命艇等からの生存者の収容方法
(キ)　曳航
曳航の方法，曳航中の注意
(ク)　分離通航方式の利用に関する基礎知識

五　船舶の出力装置

(1)　ディーゼル機関の作動原理の概要
※(2)　主機遠隔制御装置の取扱い
※(3)　船舶の補機に関する基礎知識
発電機，ポンプ

	※(4)　船舶の機関に関する用語の一般的な知識 　　暖機，ターニング装置，試運転，出力（kW,PS）
六　貨物の取扱い及び積 　　付け	(1)　貨物，漁獲物，漁具，燃料の積付け及び保全（重量 　物，危険物及び固体ばら積み貨物の積付けに関する基礎 　知識を含む。）
	※(2)　荷役装置及び属具の取扱い及び保存手入れ 　　ウインチ，ロープ，ブロック
	(3)　ロープの強度
	(4)　危険物の運送中の管理（基礎的なものに限る。）
	(5)　タンカーの安全に関する基礎知識
	(6)　船内消毒
七　非常措置	(1)　海難の防止 　　衝突，乗揚げ，転覆，沈没，火災，浸水等の原因， 　海難防止上の注意
	(2)　衝突の場合における措置
	(3)　乗揚げの場合における措置
	(4)　任意乗揚げの場合における事前の措置についての基 　礎知識
	(5)　救助船による引卸し（基礎知識に限る。）及び自力 　による引卸し
	(6)　浸水の場合における措置
	(7)　防水設備及び防水部署
	(8)　非常の場合における旅客及び乗組員の保護
	(9)　火災の場合における船舶の損傷の抑制及び船舶の救 　助
	(10)　船体放棄
	(11)　遭難船等からの人命の救助
	(12)　海中に転落した者の救助
	(13)　舵及び操舵装置故障の場合における措置
	(14)　海洋環境の汚染の防止及び汚染防止手順
※八　医療	(1)　災害防止
	(2)　救急措置（小型船医療便覧及び無線医療助言の利用 　を含む。）
※九　捜索及び救助	IMOの国際航空海上捜索救助マニュアル（IAMSA R）の利用に関する基礎知識
※十　船位通報制度	船位通報制度及び船舶交通業務（VTS）の運用指針及 び基準に基づいた報告
3　法規に関する科目	

一　海上衝突予防法，海上交通安全法及び港則法並びにこれらに基づく命令	(1)　海上衝突予防法及び同法施行規則 (2)　海上交通安全法及び同法施行規則 (3)　港則法及び同法施行規則
二　船員法及びこれに基づく命令	(1)　船員法及び同法施行規則 (2)　船員労働安全衛生規則
※三　船舶職員及び小型船舶操縦者法及び海難審判法並びにこれらに基づく命令	(1)　船舶職員及び小型船舶操縦者法並びに同法施行令及び同法施行規則 (2)　海難審判法
※四　船舶法及び船舶安全法並びにこれらに基づく命令	(1)　船舶法及び同法施行細則 (2)　船舶安全法及びこれに基づく省令 　(ア)　船舶安全法及び同法施行規則 　(イ)　危険物船舶運送及び貯蔵規則 　(ウ)　特殊貨物船舶運送規則 　(エ)　海上における人命の安全のための国際条約等による証書に関する省令 　(オ)　漁船特殊規則
五　海洋汚染等及び海上災害の防止に関する法律及びこれに基づく命令	海洋汚染等及び海上災害の防止に関する法律並びに同法施行令及び同法律施行規則
※六　検疫法及びこれに基づく命令	検疫法及び同法施行規則
※七　国際公法	次の国際公法についての概要 (1)　海上における人命の安全のための国際条約 (2)　船員の訓練及び資格証明並びに当直の基準に関する国際条約 (3)　船舶による汚染の防止のための国際条約
※4　英語に関する科目	海事実務英語 (1)　水路図誌，気象情報並びに船舶の安全及び運航に関する情報及び通報を理解し，かつ他船，海岸局又はVTSセンターと通信し，IMO標準海事通信用語集（IMO　SMCP）を理解し，及び利用することができる程度 (2)　多言語を使用する乗組員とともに，船内業務を支障なく遂行できる程度

海技士国家試験・受験と免許の手引
（小型船舶操縦士を除く。）

◆受験手続◆

1．受験資格

① 年齢

筆記試験に年齢制限はない（ただし、海技士（通信）及び海技士（電子通信）のみ、試験開始期日の前日までに17歳9月に達していること。）。なお、免許は18歳にならないと与えられない。

② 乗船履歴（筆記試験のみ受験する場合は不要）

(イ) 試験の種別により異なるが、次のいずれかに該当していること。

(a) 一般の乗船履歴による場合は、船舶職員及び小型船舶操縦者法施行規則（以下「規則」という。）の別表第5に規定された乗船履歴を有すること。

(b) 海事関係大学（水産大学校及び海上保安大学校本科を含む。）・高等専門学校・高等学校の卒業者の場合は、規則別表第6に規定された単位数を取得し、及び乗船履歴を有すること。

(c) 海技教育機構、海上保安大学校特修科、海上保安学校の卒業者又は修了者は、規則第27条及び第27条の3に規定された乗船履歴を有すること。

(ロ) 乗船履歴として認められない履歴

(a) 15歳に達する前の履歴

(b) 試験開始期日前15年を超える前の履歴

(c) 主として船舶の運航、機関の運転又は船舶における無線電信若しくは無線電話による通信に従事しない職務の履歴（三級海技士（通信）試験又は四級海技士（電子通信）試験に対する乗船履歴の場合を除く。）

2．試験開始期日、試験場所、申請期間

〈定期試験〉

開始日	試験場所	申請期間
年4回 2月1日〜 4月10日〜 7月1日〜 10月1日〜	3．に掲げる地方運輸局	試験開始期日の35日前（2月の定期試験は40日前）から15日前（口述のみ受験する場合は前日）まで

〈臨時試験〉

そのつど地方運輸局に公示される。

3．申請書類の提出先

試験を受ける地を管轄する地方運輸局（運輸監理部を含む。）の船員労働環境・海技資格課又は海技資格課（沖縄の場合は、沖縄総合事務局船舶船員課）

北海道運輸局	札幌市中央区大通西10
東 北 運 輸 局	仙台市宮城野区鉄砲町1
関 東 運 輸 局	横浜市中区北仲通5の57
北陸信越運輸局	新潟市中央区美咲町1の2の1
中 部 運 輸 局	名古屋市中区三の丸2の2の1
近 畿 運 輸 局	大阪市中央区大手前4の1の76
神戸運輸監理部	神戸市中央区波止場町1の1
中 国 運 輸 局	広島市中区上八丁堀6の30
四 国 運 輸 局	高松市サンポート3番33号
九 州 運 輸 局	福岡市博多区博多駅東2の11の1
沖縄総合事務局	那覇市おもろまち2の1の1

4．申請書類

筆記試験のみの場合は、①〜⑤。

身体検査、口述試験も受験する場合は、①〜⑤に加え、⑥〜⑭のうち該当する書類。

① 海技試験申請書、海技士国家試験申請書（二）

② 写真2葉（申請前6月以内に脱帽、上半身を写した台紙に貼らないもので、裏面下半分に横書きで氏名及び生年月日を記載したもの）

③ 受験票

④ 戸籍抄本、戸籍記載事項証明書、本籍の記載のある住民票の写し、海技免状の写し、操縦免許証の写しのいずれか

⑤ 納付書（各種手数料の額に相当する額の収入印紙を貼付する。収入印紙に消印をしないこと。）

⑥ 海技士は、海技免状又はその写し※1

⑦ 海技士（通信）又は海技士（電子通信）の資格についての試験を申請する者は、無線従事者免許証及び船舶局無線従事者証明書又はその写し※1

⑧ 乗船履歴の特則の適用を受ける海事関係学校の卒業者又は修了者の場合は以下の2点

(イ) 卒業証書又はその写し※1、卒業証明書、修了証書又はその写し※1、修了証明書のいずれか

(ロ) 修得単位証明書

※1 ⑥〜⑧の写しには、正本と照合した旨の地方運輸局、運輸支局又は海事事務所の証明が必要。

⑨ 乗船履歴の証明書

(イ) 船員手帳又は船員手帳記載事項証明

(ロ) 船員手帳を失った、き損した、持たない者は

(a) 官公署の船舶の場合は、官公署の証明

(b) 官公署の船舶以外の場合は、以下に掲げる書類
　・船舶所有者又は船長の証明※2
　・船舶検査手帳の写し、漁船の登録の謄本、市町村長の証明書のいずれか

※2　自己所有の船舶又は自分が船長である船舶の場合は、更に、その船舶に乗り組んだ旨の、以下に掲げるいずれかの者による証明
・居住地の市町村長
・他の船舶所有者
・係留施設の管理者
・船舶所有者に代わって当該船舶を管理する者

⑩　海技士身体検査証明書（指定医師※3により試験開始期日前6月以内に受けた検査結果を記載したもの）

※3　船員法施行規則第55条第1項に規定する指定医師をいう。詳細は国土交通省HP（http://www.mlit.go.jp/maritime/maritime_fr4_000009.html）又は各地方運輸局に問い合わせること。

⑪　身体検査合格者は、海技士身体検査合格証明書
⑫　筆記試験合格者は、筆記試験合格証明書
⑬　筆記試験の科目免除を受けようとする者は、筆記試験科目免除証明書
⑭　登録船舶職員養成施設の課程を修了し、学科試験の免除を受けようとする者は、その養成施設の発行した修了証明書

5．試験の手数料（2024（R6）.4.1現在）

試験の種別	身体検査	学科試験	
		筆記	口述
一級海技士（航海）二級海技士（航海）一級海技士（機関）二級海技士（機関）	円 870	円 7,200	円 7,500
三級海技士（航海）三級海技士（機関）	870	5,400	5,500
四級海技士（航海）五級海技士（航海）四級海技士（機関）五級海技士（機関）	870	3,500	3,700
六級海技士（航海）六級海技士（機関）	870	2,400	3,000
一級海技士（通信）一級海技士（電子通信）二級海技士（電子通信）三級海技士（電子通信）	870	5,000 ※	—
二級海技士（通信）	870	3,400	—
三級海技士（通信）四級海技士（電子通信）	870	2,700	—

※　外国で受験する場合は6,900円を加算する。

◆身体検査実施要領◆

1．聴力の検査（検査の必要を認めた場合に行う。）は、受験者に両眼を閉じさせる等試験官の唇を視認できないようにさせる。試験官は、五メートルの距離にあって話声語（机に向かい合い、話をして相手に理解できる程度の普通の大きさの音声をいう。）で地名又は物名などの単語を発し、受験者に聴取したとおり復唱させる。この方法を一耳につき五回程度単語を代えて行い、その結果により判定する。

2．身体機能の障害等の検査（身体検査の受験者全員に対して行う。）
（1）受験者に次の運動をさせ、その間に各受験者の身体機能の障害の有無、義手義足の装着の有無及び運動機能の状況を観察する。
　①　手指を屈伸させる。
　②　手を前、上、横に屈伸させる。
　③　手を腰につけ、かかとを上げさせて膝の屈伸をさせる。
（2）上肢の手指に障害がある者に対しては、握力計による検査を行う。

◆合格後の手続◆

（免許の申請）

　海技免状の交付を受けるためには、口述試験（通信又は電子通信の場合は筆記試験）等の最終試験に合格した後、免許申請手続をしなければならない。

１．申請書類の提出先

　最寄りの地方運輸局又は運輸監理部（指定運輸支局及び指定海事事務所も可。沖縄の場合は沖縄総合事務局）

２．申請書類の提出期間

　試験に合格した日（最終試験に合格した日）から１年以内。この期間を過ぎると免許の申請はできなくなり、合格は無効となる。

３．申請に必要な書類（提出書類）

① 海技免許申請書
② 海技免状用写真票（試験申請時と同じ規格の写真を貼付し、氏名欄のうち１欄はローマ字でサイン）
③ 試験を受けた地の地方運輸局以外の地方運輸局に申請する場合は、海技士国家試験合格証明書
④ 三級海技士（航海）、三級海技士（機関）、一級海技士（通信）又はこれにより下級の資格の免許を申請する場合は、免許講習の課程を修了したことを証明する書類（規則第３条の２の規定により修了することを要しないとされた者を除く。）
⑤ 二級海技士（航海）、二級海技士（機関）、又はこれにより下級の資格の免許を申請する者（すでに履歴限定が解除されている者を除く。）は、その者の有する乗船履歴の証明書
⑥ （登録免許税）納付書
　納付書に、下記の額に相当する額の収入印紙又は領収証書（登録免許税を国庫納金した銀行又は郵便局のもの）を貼って提出する。なお、収入印紙には消印をしないこと。

免　許　の　資　格		登録免許税の額
一級海技士（航海）	一級海技士（機関）	15,000 円
二級海技士（航海）	二級海技士（機関）	} 9,000
三級海技士（航海）	三級海技士（機関）	
四級海技士（航海）	四級海技士（機関）	4,500
五級海技士（航海）	五級海技士（機関）	3,000
六級海技士（航海）	六級海技士（機関）	2,100
一級海技士（通信）	一級海技士（電子通信）	} 7,500
	二級海技士（電子通信）	
	三級海技士（電子通信）	
二級海技士（通信）		6,000
三級海技士（通信）	四級海技士（電子通信）	2,100

（注）　資格には、船橋当直限定、機関当直限定及び内燃機関限定のものを含む。

⑦ 進級の場合は、申請する資格より下級の免状
⑧ その他現在所持しているすべての免状又は操縦免許証の写し
⑨ 規則第４条第５項の規定による限定を解除する者は、登録電子海図情報表示装置講習の課程を修了したことを証明する書類（海技士（航海）の免許を申請する者に限る）
⑩ 海技士（航海）の免許を申請する者で、国際航海に従事するため無線資格の確認を希望する場合には、受有する無線資格に係る無線従事者免許証の写しを添付
⑪ 海技免許の申請及び受領を他人に委任する場合には、海技免許の申請及び受領に関する権限を委任する旨の委任状

目　　次

航海に関する科目

運用に関する科目

法規に関する科目

2020年 4月　定 期

航海に関する科目

（配点　各問100，総計400）

〈2 時間 30 分〉

問題 1　(一)　偏差 5°W，コンパスの自差 4°E の場合，真北，磁北及び
コンパスの北の関係を図示せよ。

(二)　大洋航行中，ジャイロコンパスの誤差を測定する方法を 3 つあげよ。

(三)　操舵制御装置の取扱いに関して述べた次の(A)と(B)の文について，そ
れぞれの正誤を判断し，下の(1)～(4)のうちからあてはまるものを選べ。

(A)　手動操舵から自動操舵に切り換えるときは，通常，舵中央とし，
自動操舵の設定針路と船首方位を合わせてから，切換えスイッチ
を「AUTO」にする。

(B)　舵角調整の設定により，自動操舵中の制限舵角（自動操舵で取
ることができる最大舵角）の大きさを調整することができる。

---

(1)　(A)は正しく，(B)は誤っている。

(2)　(A)は誤っていて，(B)は正しい。

(3)　(A)も(B)も正しい。

(4)　(A)も(B)も誤っている。

(四)　レーダーを操作するうえで物標の映像を鮮明にするために使用する
調整には，どのようなものがあるか。4 つあげよ。

問題 2　(一)　航路標識に関する次の問いに答えよ。

(1)　右図に示す灯浮標の意味について述べた次
の文のうち，正しいものはどれか。

(ア)　灯浮標の北側に可航水域がある。

(イ)　灯浮標の東側に可航水域がある。

(ウ)　灯浮標の南側に可航水域がある。

(エ)　灯浮標の西側に可航水域がある。

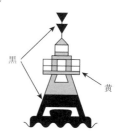

黒

黄

(2)　レーダー反射器とはどのようなものか。

(二)　潮汐に関する次の用語を説明せよ。

(1)　潮高比

(2)　大 潮

　（三）　沿岸航行中，クロス方位法により船位を求める場合，物標は2個よりも3個選ぶほうがよいといわれるが，なぜか。

問題3　試験用海図 No.16（⊕は，40°N，132°E で，この海図に引かれている緯度線，経度線の間隔はそれぞれ10′である。）を使用して，次の問いに答えよ。

　（一）　A丸は，川口港沖を航行中，松埼灯台と金山中腹の航空灯台（Aero）とが一線になったとき，そのジャイロコンパス方位を057°に測定した。ジャイロ誤差を求めよ。

　（二）　B丸（速力13ノット）は，沖ノ島灯台の真西3海里の地点から磁針路010°で航行した。この海域には流向100°（真方位），流速1ノットの海流があるものとして，次の(1)及び(2)を求めよ。
　　（1）　実航磁針路
　　（2）　馬埼灯台の正横距離

　（三）　C丸は，夏島の北方海域を航行中，上埼灯台及び鳥埼灯台のジャイロコンパス方位をほとんど同時に測り，それぞれ204°，275°を得た。このときの船位（緯度，経度）を求めよ。ただし，ジャイロ誤差はない。

問題4　（一）　甲丸は，距離300海里の2地点間を19時間45分で航走した。甲丸がこの間を直行したものとすると，その平均速力は何ノットか。

　（二）　21°-20′N，169°-37′W の地点から変緯237′S，変経755′W となる地点の緯度，経度を求めよ。

　（三）　方位線の転位による船位測定法（ランニングフィックス又は両測方位法）を，図示して説明せよ。また，この方法によって船位を求める場合に注意しなければならない事項を述べよ。

　（四）　船首目標に関する次の問いに答えよ。
　　（1）　2物標のトランジットを船首目標として航進中，船位が右に偏しているときの2物標はどのように見えるか。図示せよ。
　　（2）　真方位179°のコースライン上にあるL灯台を船首目標として航進中，L灯台の真方位を181°に測定した。この場合，船位はコースラインの左右どちらに偏しているか。

解答1　（一）　T：真北，M：磁北，Cコンパス方位（コンパスの北）の関係図を以下に示す。
　（二）　時辰方位角法，日出没方位角法，北極星方位角法
　（三）　(1)【解説】(A)　オートパイロットの設定針路と船首

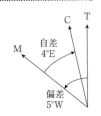

方位とが合っていない状態で切り換えると，切り替えた瞬間に大舵を取ることがあるので，両者を合わせる必要がある。(B)　舵角調整は針路の偏角に比例した舵角量を定める調整である。したがって，制限舵角を調整することはできない。

(四)　以下のうち4つ。
・STC（海面反射抑制）
・FTC（雨雪反射抑制）
・チューニング（局部発信機の周波数調整）
・Gain（中間周波増幅器の利得調整）
・インテンシティ（映像の明るさ調整）

解答 2　(一)　(1)　(ウ)　【参考】方位標識は，その標識に付けられた名称の方角に可航水域，または航路の出入口，屈曲点，分岐点があることを示す。また，標識に付された名称の反対方角に，岩礁，浅瀬，沈船等の障害物があることを示す。

(2)　レーダー反射器とは船舶のレーダー映像面上における航路標識などの位置の映像を鮮明にするため，電波の反射効果を良くする装置で，航路標識などに付設されている。

(二)　(1)　潮高比とは標準港の当日の潮高に乗ずる数値で，その地の潮高の概値を求めるための改正数をいう。その地の潮高を求めるには次式による。
　　[その地の潮高]＝（[標準港の潮高]－[標準港の最低水面から平均水面の高さ]）×[潮高比]＋[その地の最低水面から平均水面の高さ]

(2)　地球に対して月と太陽が直線上に重なるとき（新月と満月のとき），月と太陽による起潮力の方向が重なるため，1日の満潮と干潮の潮位差が大きくなる。この時期を「大潮」という。
【参考】月と太陽が互いに直角方向にずれているとき（上弦の月と下弦の月のとき），両天体による起潮力の方向は直角にずれて互いに力を打ち消し，満干潮の潮位差は最も小さくなる。この時期を「小潮」という。大潮と小潮は新月から次の新月までの間にほぼ2回ずつ現れる。

(三)　3物標の方位を利用すれば，それらの方位線に誤差がある場合（例えば，物標の誤認，方位の測定誤差，海図へ記入誤り）には誤差三角形ができ，方位線に誤差があることが判定できる。2物標であると，方位線が正確であるかどうか判定できない。

解答 3 （一） 問題文より松埼灯台と金山中腹の航空灯台（Aero）とが一線になったときのジャイロコンパス方位が057°で，海図上で計測した真方位は061°であることから，次式により算出する。

ジャイロエラー＝真方位061°－ジャイロコンパス方位057°＝(＋)4°

答 ジャイロ誤差 (＋)4°

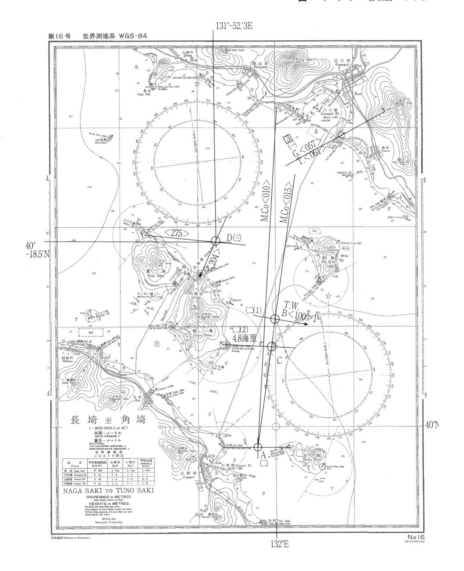

㈡ ⑴　海図上での作図により，出発点をAとすると，1時間後の海流影
　　響による船位はBとなる。この点Aから船位Bを海図上で計測した値
　　が実航針路になる。ただし，問題文では，針路は磁針路の質問であるた
　　め内円のコンパスローズの数値を計測する。

答　実航磁針路　015°

⑵　実航程ABを結ぶ線上で馬埼灯台が正横する地点をCとすると，距
　　離は海図より以下の通り。

答　4.8海里（海図より）

㈢　問題文より，上埼灯台を204°，鳥埼灯台を275°に各ジャイロコンパス方
　位で同時観測した際の船位（緯度，経度は）は海図により下記の通り。

答　40°-18.5′ N，131°-52.3′ E（海図より）

解答 4 ㈠　距離300海里，2地点間の所要時間19時間45分より，下記の通
　り算出する。

　　平均速力 = 300海里÷所要時間19時間45分 = 速力15.19ノット

答　平均速力　15.2ノット

㈡

緯度

　問題文の変緯の単位を換算する。

　237′S'ly = 237′ ÷60 = 3°-57′S'ly

　換算結果を，用いて以下の通り算出する。

出発緯度	21°-20′	N
変緯	3°-57′	S'ly（−
到着緯度	17°-23′	N

答　到着緯度　北緯　17°-23′

経度

　問題文の変経の単位を換算する。

　755′W'ly = 755′ ÷60 = 12°-35′W'ly

　換算結果を用いて，以下の通り算出する。

出発経度	169°-37′	W
変経	12°-35′	W'ly（＋
到着経度	182°-12′	W

　西経（W）から東経（E）へ向けた航走で，問題文の変経755′W より西航をしているため，経度180°を超えて西航した経度分を算出しで，最後に経度180°から差し引いて東経域とした数値が到着経度となる。計算は以下の通りになる。

（経度180°を超えた経度分 ＝ 差分）

到着経度	182°-12′	W	
経度180°	180°-00′		（－
差分	2°-12′	W'ly	

（経度180°からの到着点までの経度分）

経度180°	180°-00′	E	
差分	2°-12′	W'ly（－	
到着経度	177°-48′	E	

答　到着経度　東経 177°-48′

(三)　ランニングフィックスとは，同時に2本以上の位置の線が得られない場合に，得た1本の位置の線を転移して船位を求める方法をいう。

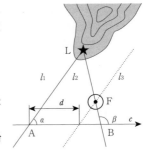

　ある物標の方位（l_1）を測定した後しばらく航走し，再び同じ物標又は他の物標を測定する（l_2）。そして，海図上で前測時の位置の線を後測時までの針路c及び航走距離d分転位し（l_3），後測時の位置の線（l_2）との交点を後測時の船位Fとする。

注意事項

① 針路，速力を保持する。

② 2つの方位線の交角は30°より大きくする。

③ 近い物標を利用する。

④ 前測と後測の時間は短くする。

⑤ 転位誤差があり，船位を過信しない。風潮流の影響のある海域では注意する。

㈣ (1)　2 物標 A，B とすると，
　　　AB によるトランシット線
　　　と船位の位置関係は図の左
　　　となる。この位置関係にお
　　　いて，2 物標は図の右（四
　　　角内）のように見える。

(2)　コースラインの左に偏位
　　（下図より）

物標 A ★

船首方位
物標 B ★　　　H

物標 AB による
トランシット

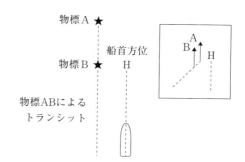

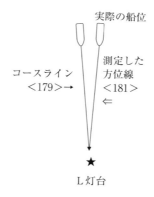

実際の船位

コースライン　　　測定した
＜179＞→　　　方位線
　　　　　　＜181＞
　　　　　　　⇐

★
L 灯台

2020年 7月 定期

航海に関する科目

（配点　各問100，総計400）

〈2 時間 30 分〉

問題1　(一)　液体式磁気コンパスの次の(1)～(3)の役目をそれぞれ述べよ。

　(1)　浮　室　　　　(2)　ジンバル（遊動環）装置　　　(3)　コンパス液

(二)　ジャイロコンパスは磁気コンパスと比べ，どのような利点があるか。2つ述べよ。

(三)　航行中，操舵制御装置をノンフォローアップ操舵（レバー操舵）に切り替えて使用するのは，どのような場合か。

(四)　船舶自動識別装置（AIS）が送信する情報に関して述べた次の(A)と(B)の文について，それぞれの<u>正誤を判断し</u>，下の(1)～(4)のうちからあてはまるものを選べ。

> (A)　AIS は，自船の船名，位置，針路，速力，目的地などの航行情報を VHF 帯の電波を使用して自動的に送信する。
>
> (B)　AIS で送信される全ての情報は，一定の間隔で自動的に更新される。

　(1)　(A)は正しく，(B)は誤っている。

　(2)　(A)は誤っていて，(B)は正しい。

　(3)　(A)も(B)も正しい。

　(4)　(A)も(B)も誤っている。

問題2　(一)　航路標識に関する次の問いに答えよ。

　(1)　右図に示す灯浮標の意味について述べた次の文のうち，正しいものはどれか。

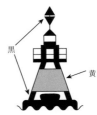

黒

黄

　　(ア)　灯浮標の北側に可航水域がある。

　　(イ)　灯浮標の東側に可航水域がある。

　　(ウ)　灯浮標の南側に可航水域がある。

　　(エ)　灯浮標の西側に可航水域がある。

　(2)　次の(ア)及び(イ)は，灯質の定義を述べたものである。それぞれどのような灯質か。種類を記せ。

　　(ア)　一定の光度を持つ光を一定の間隔で発し，明間と暗間の長さが

　等しいこと（同一のもの）

　⑴　一定の光度を保持（維持）し，暗間の有しないこと（ないもの）

（二）　重視目標の選定については，どのような注意が必要か。

（三）　潮汐に関する次の問いに答えよ。

　⑴　Ａ港の標準港がＢ港であるとき，Ａ港の潮高を求めるための正しい算式は，次の⑺〜⑼のうちどれか。記号で答えよ。ただし，Zo は水深の基準面から平均水面までの高さである。

　　⑺　Ａ港の潮高 ＝
　　　　［Ｂ港の潮高 － Ｂ港の Zo］×［Ａ港の潮高比］＋［Ａ港の Zo］

　　⑴　Ａ港の潮高 ＝
　　　　［Ｂ港の潮高 － Ａ港の Zo］×［Ａ港の潮高比］＋［Ｂ港の Zo］

　　⑼　Ａ港の潮高 ＝
　　　　［Ｂ港の潮高× Ａ港の潮高比］＋［Ｂ港の Zo － Ａ港の Zo］

　　⑾　Ａ港の潮高 ＝
　　　　［Ｂ港の Zo － Ａ港の Zo］×［Ａ港の潮高比］＋［Ｂ港の潮高］

　⑵　潮汐表で，潮高が⑴15cmになっているのは，どのような潮高を示すか。

問 題 3　試験用海図 No.15（⊕は，30°N，137°Eで，この海図に引かれている緯度線，経度線の間隔はそれぞれ30′である。）を使用して，次の問いに答えよ。

（一）　Ａ丸（速力14ノット）は，0930鹿島灯台から真方位135°，距離11海里の地点を発し，磁針路065°で航行した。この海域には流向020°（真方位），流速2ノットの海流があるものとして，次の⑴〜⑶を求めよ。

　⑴　実航磁針路及び実速力

　⑵　赤岬灯台の正横距離

　⑶　1200の予想位置（緯度，経度）

（二）　Ｂ丸は，大島北方海域を航行中，白埼灯台と梅山中腹の航空灯台（Aero）とが一線になったとき，そのジャイロコンパス方位を198°に測定した。ジャイロ誤差を求めよ。

問 題 4　（一）　25°-15′N，178°-25′E の地点から変緯173′S，変経267′E となる地点の緯度，経度を求めよ。

（二）　速力14ノットの船が，緯度32°-21′N の地から真針路180°で航走すると，何時間で緯度28°-58′N の地に達することができるか。

（三）　レーダーにより船位を測定する場合，物標の方位の測定について注

意しなければならない事項を2つあげよ。

（四）　狭視界の水域を航行するにあたっては，航海計器について，どのようなことを考慮しておかなければならないか。

解答 1　（一）（1）浮室　　コンパス液を満たすことにより，羅針の軸針にかかる重さを軽減する。

（2）ジンバル装置　　船体が動揺してもコンパスを水平に保つ。

（3）コンパス液　　コンパスカードを浮室内で水平に保ち，船体動揺の影響を軽減させる。

（二）（2つ解答）

・ジャイロコンパスは真北を指すので，方位測定や針路の設定に自差や偏差を加減する必要がない。

・指北力が強いので，振動で指度が乱れることがなく，また高緯度地方でも使用できる。

・ジャイロコンパスのマスターコンパスの方位信号を電気信号として多数のレピータコンパスや航海計器に送信することができる。

・レピータコンパスは必要な場所にどのような姿勢でも設置できる。

（三）ノンフォローアップ操舵は通常操舵ができなくなった場合に実施する応急操舵である。

ノンフォローアップ操舵レバーによる信号は直接動作部を動かすことができ，レバーを左右に倒している間だけ，その方向に操舵機を動かす。

（四）（3）

解答 2　（一）（1）（イ）【参考】この標識は東方位標識である。

（2）（ア）等明暗光（Isophase）　　（イ）不動光（Fixed）

（二）・2体1組の重視目標のうち，手前の目標物が自船に著しく近い場合，精度が劣る場合があることに留意する

・2体1組の重視目標の高さなどが同程度の場合，前後の区別が難しくなることに注意する

・自然物（山頂や断崖等）を利用する場合は傾斜等が緩やかではなく顕著なものを選定する

・海図上の位置が確かなもので視認しやすいものを選定する

・遠方にあるため判別が難しい場合，近距離に位置するものを選定する

（三） （1） （ア）

（2） 最低水面より潮高が15cm低くなることを示す。これは海図に記載されている水深よりも15cm低くなることを示す。

解答 3 （一） （1） 海図上での作図により，出発点をAとすると，1時間後の海流影響による船位はBとなる。この点Aから船位Bを海図上で計測した値が実航針路，実速力になる。ただし，問題文では，針路は磁針路の質問であるため内円のコンパスローズの数値を計測する。

答 実航磁針路060°，実速力15ノット

（2） 実航程ABの線上で赤岬灯台が正横時の距離は次の通りである。

答 13海里（海図より）

（3） 問題文より，鹿島灯台の出発点Aでは09時30分であったことから，12時00分 － 09時30分 ＝ 2時間30分，航走したことになるため，次式により算出可能。

実速力15ノット × 2時間30分 ＝ 37.5海里

出発点Aから船位Bに向かう針路上で37.5海里の地点を予想位置Cとする。

予想位置Cの緯度と経度を海図上で読み取ると次のとおりである。

答 30°-37.2′N，137°-24.5′E（海図より）

（二） 問題文より，白埼灯台と梅山中腹の航空灯台（Aero）とが一線になったときのジャイロコンパス方位が198°で，海図上での真方位が200°であることから，次式により算出する。

ジャイロエラー ＝ 真方位200° － ジャイロコンパス方位198° ＝ (+)2°

答 ジャイロ誤差 (+)2°

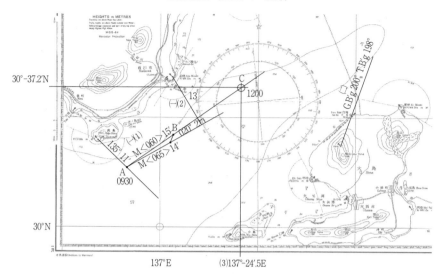

30°-37.2′N

137°E (3)137°-24.5E

解　答 4 （一）

緯度

問題文の変緯の単位を換算する。

173′S'ly = 173′ ÷60 = 2°-53′S'ly

換算結果を，用いて以下の通り算出する。

出発緯度	25°-15′	N
変緯	2°-53′	S'ly （−
到着緯度	22°-22′	N

答　到着緯度　北緯　22°-22′

経度

問題文の変経の単位を換算する。

267′E'ly = 267′ ÷60 = 4°-27′E'ly

換算結果を，用いて以下の通り算出する。

出発経度	178°-25′	E
変経	4°-27′	E'ly （+
到着経度	182°-52′	E

東経（E）から西経（W）へ向けた航走，問題文の変経267′E より東

航をしているため，経度180°を超えて東航した経度分を算出し，最後に経度180°から差し引いて西経域とした数値が到着経度となる。計算は以下の通りになる。

（経度180°を超えた経度分 = 差分）

到着経度	182°-52′	E
経度180°	180°-00′	（−
差分	2°-52′	E'ly

（経度180°からの到着点までの経度分）

経度180°	180°-00′	
差分	2°-52′	E'ly（−
到着経度	177°-08′	W

答　到着経度　西経 177°-08′

(二)　以下の手順で算出する。

変緯の算出

出発緯度	32°-21′	N
到達緯度	28°-58′	N　（−
変緯	3°-23′	S'ly

変緯 3°-23′S'ly を換算し，所要時間を算出。

移動距離 = 変緯 3° − 23′ = （3°×60′） + 23′ = 203′

所要時間 = 移動距離203′ ÷14ノット = 14時間30分

答　所要時間　14時間30分

(三)　物標の距離を測定する場合，以下に注意する。以下から2つ解答。
・可変距離カーソルの外側が，物標の内側に接するように測定する。
・映像がスコープの外周付近にくるように（拡大されるように），測定レンジを調整する。
・物標について，砂浜など緩やかな海岸はその反射が弱く正確な反射波を得るのは難しいので，崖など反射し易い物標を選ぶ。
・なるべく近距離の物標を利用する。

(四)　狭視界の水域を航行時に，使用する航海計器についての考慮事項は以下の通り。

・レーダの感度調整（ゲイン，STC（海面反射抑制），FTC（右折反射抑制）），使用レンジの調整，表示方式の切り替えなどを適切に行う。

・レーダプロッティングや，ARPA システム（自動衝突予防装置機能）及び AIS（船舶自動識別装置）により周囲の他船の動静監視に努める。

・ECDIS（電子海図情報表示装置）により，自船位置の確認と周囲の状況（地形）変化などの把握に努める。

2020年 10月　定 期

航海に関する科目

（配点　各問100，総計400）

〈2 時間 30 分〉

問題1　(─)　右図は，液体式磁気コンパスの構造を示す断面図である。次の問いに答えよ。

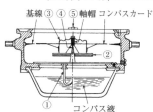

(1)　図中の①～⑤の名称を記せ。

(2)　図中の①，②及び④は，それぞれどのような役目をするか。

(二)　音響測深機で正しい水深を得るためには，どのような注意が必要か。3つあげよ。

(三)　レーダーの使用に関して述べた次の(A)と(B)の文について，それぞれの正誤を判断し，下の(1)～(4)のうちからあてはまるものを選べ。

> (A)　自船が動揺している場合は，自船が水平となった時に方位を測定する。
>
> (B)　相対方位表示方式（ヘッドアップ）では，海図との比較対照が容易である。

(1)　(A)は正しく，(B)は誤っている。

(2)　(A)は誤っていて，(B)は正しい。

(3)　(A)も(B)も正しい。

(4)　(A)も(B)も誤っている。

問題2　試験用海図 No.16（⊕は，40°N，130°E で，この海図に引かれている緯度線，経度線の間隔はそれぞれ10′である。）を使用して，次の問いに答えよ。

(─)　A 丸は，馬埼南東海域を航行中，馬埼灯台と三角山山頂（720）とが一線になったとき，そのジャイロコンパス方位を318°に測定した。ジャイロ誤差を求めよ。

(二)　B 丸（速力13ノット）は，1942竹岬灯台から真方位200°，距離 3 海里の地点を発し，磁針路180°で航行した。この海域には流向240°（真方位），流速 2 ノットの海流があるものとして，次の(1)～(3)を求めよ。

　　(1)　実航磁針路及び実速力

　　(2)　鶴岬灯台の正横距離

　　(3)　2100の予想位置（緯度，経度）

問題 3　㈠　次の(1)及び(2)は潮汐に関する用語の説明である。それぞれ，何について述べたものか。

　　(1)　標準港の当日の潮時に加減して，標準港以外の潮時を求めるための改正数

　　(2)　月がその地の子午線に正中してから，その地が高潮になるまでの時間

　㈡　航路標識に関する次の問いに答えよ。

　　(1)　右図に示す灯浮標の意味について述べた次の文のうち，正しいものはどれか。

　　㈦　灯浮標の位置が航路の中央であること。

　　㈡　灯浮標の北側に可航水域があること。

　　㈣　灯浮標の位置が工事区域等の特別な区域の境界であること。

黄

　　㈥　灯浮標の位置又はその付近に岩礁，浅瀬，沈船等の障害物が孤立してあること。

　　(2)　次の㈦及び㈡は，航路標識の解説文である。それぞれ何という航路標識について述べたものか。名称を記せ。

　　㈦　船舶のレーダー映像面上に送信局の位置を輝線又はモールス符号で示すため，船舶のレーダーから発射された電波に応答して，無指向性電波（3cmマイクロ波）を発射する施設をいう。

　　㈡　通航困難な水道，狭い湾口などの航路を示すために，航路の延長線上の陸地に設置した施設で，白光により航路を，緑光により左舷危険側を，赤光により右舷危険側をそれぞれ示すものをいう。

　㈢　3物標を用いて，クロス方位法により船位を求めるため，海図上に3本の方位線を記入したが，1点で交わらずに三角形ができた。この場合について，次の問いに答えよ。

　　(1)　1点で交わらない理由としては，どのようなことが考えられるか。2つあげよ。

　　(2)　この場合，どのようにして船位を決定すればよいか。

問題 4　㈠　甲丸は，3°-15′S，178°-22′E の地点から 1°-58′N，176°-08′W の地点まで航走した。次の(1)及び(2)を求めよ。

　（1）　変　緯（緯　差）　　　（2）　変　経（経　差）

（二）　速力14ノットの船が，経度178°-12′W の赤道上の地点から真針路 270° で19時間航走した。到着地の経度を求めよ。

（三）　ジャイロコース135°，速力14ノットで航行中，船首倍角法で船位を 決定するため，1024甲灯台をジャイロコンパス方位168° に測った。 この海域には，風や潮流等の影響はないものとして，次の問いに答え よ。（計算式も示すこと。）

　（1）　2回目の方位測定は，甲灯台のジャイロコンパス方位が何度に なったときに行えばよいか。

　（2）　(1)の方位測定時刻は1054であった。このときの船位は甲灯台から 何度，何海里か。

（四）　狭水道は通常どのような時機に通航するのがよいか。2つあげよ。

解答 1　（一）（1）①　導管，②　磁針，③　浮室，④　軸針，⑤　シャド ウピン座

　（2）①　導管は上室と下室を連結することにより，上室のコンパス液が膨 張や収縮を下室の空気部で吸収させ，バウルが破損したり上室に気泡 が生じたりするのを防いでいる。

　　②　磁針はコンパスカードの南北線が常に磁気子午線と一致してコンパ スカードを静止させて，その北が磁北を指すようにしている。

　　③　軸針は軸帽にはまってコンパスカードを支えている。

（二）　以下から3つ選ぶ。

　①　送受波器は船底に取り付けられているので，その喫水分だけ調整する 必要がある。

　②　測深深度に応じて音波の発射周期を変える必要がある。

　③　測深線が適切に表示されるよう利得（ゲイン）を調整する。

　④　表層雑音が多い場合はＳＴＣを適切に使用する。

　⑤　表示部の輝度を必要以上に上げすぎないようにする。

（三）　(1)

解答 2　（一）　問題文より馬埼灯台と三角山山頂（720）とが一線になったと きのジャイロコンパス方位が318° で，海図上での真方位が320° であるこ とから，次式により算出する。

ジャイロエラー＝真方位320°－ジャイロコンパス方位方位318°＝(+)2°

答　ジャイロ誤差　(+)2°

(二)　(1)　海図上での作図により，出発点をAとすると，1時間後の海流影響
による船位はBとなる。この点Aから船位Bを海図上で計測した値が実
航針路，実速力になる。ただし，問題文では，針路は磁針路の質問であ

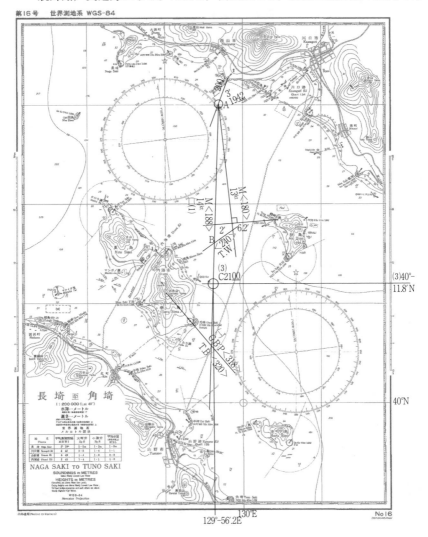

るため内円のコンパスローズの数値を計測する。

　　　　　　　　　　答　実航磁針路　188°，実速力　14ノット
　(2)　実航程ＡＢの線上で鶴岬灯台が正横時の距離は次の通りである。

　　　　　　　　　　　　　答　6.2海里（海図より）
　(3)　問題文より，竹岬灯台の出発点Ａでは19時42分であったことから，21
　　時00分 － 19時42分 ＝ １時間18分（1.3時間），航走したことになるため，
　　次式により算出する。

　　　　実速力14ノット × １時間18分（1.3時間）＝ 18.2海里
　　出発点Ａから船位Ｂに向かう針路上で18.2海里のところを予想位置Ｃと
　　する。
　　予想位置Ｃの緯度と経度を海図上で読み取ると次のとおりである。

　　　　　　　答　40°-11.8′N，129°-56.2′E（海図より）

|解 答| 3　㈠　(1)　潮時差　(2)　高潮間隔
　㈡　(1)　㈦
　　(2)　㈠　レーダービーコン（レーコン）　　㈪　指向灯
　㈢　(1)　１点に交わらない理由は次のとおりである。以下から２つ解答。
　　・コンパスに誤差がある場合
　　・方位測定の１本以上に測定誤差がある場合
　　・方位測定のとき，測定間に時間差があり過ぎる場合
　　・物標を誤認している場合
　　・測定は正しいが，作図が誤っている場合
　　(2)　次のように船位を決定する。
　　誤差の三角形が小さい場合には，三角形の重心を船位とする。
　　誤差の三角形が大きい場合には，再度測定する。
　　再度測定しても誤差の三角形が大きい場合には，
　　・コンパスに誤差がある可能性があるので，各位置の線から定誤差を差
　　　し引いて作図し直す。
　　・物標を取り間違えている可能性があるので，物標を確認する。
　　再度測定する時間がない場合には，
　　・その三角形の最も危険な位置（例えば，陸等に最も近くなる位置）を
　　　船位とする。

解 答 **4**　（一）

(1)　変緯（緯差）

赤道（緯度 0 °）を超えて北上しているため，計算は以下の通りになる。

出発緯度	3°-15′	S
到着緯度	1°-58′	N　（+
変緯	5°-13′	N'ly

答　変緯　5 °-13′ 北偏

(2)　変経（経差）

東経（E）から西経（W）へ向けた航走，東航（※）をしているため，経度180° までの変経分と，経度180° を超えた変経分を算出し，最後に合計した数値が変経となる。計算は以下の通りになる。

（※特段の断りが無い限り最短の航程で計算するため，今般，西航との判断はしないものとする。）

（経度180° までの変経）

経度180°	180°-00′	
出発経度	178°-22′	E　（−
変経 1	1°-38′	E'ly

（経度180° からの変経）

経度180°	180°-00′	
到着経度	176°-08′	W　（−
変経 2	3°-52′	E'ly

（出発経度178°-22′E から到着経度176°-08′W までの変経）

変経 1	1°-38′	E'ly
変経 2	3°-52′	E'ly　（−
変経	5°-30′	E'ly

答　変経　5 °-30′ 東偏

（二）　真針路270° での航走は西航（W'ly）となる。

算出手順等は以下の通り。

航走距離　速力14ノット ×19時間 = 266海里

経差　　　266海里 ÷60′ = 4 °- 26′W'ly（真針路270° = 西航）

変緯の算出

出発経度	178°-12′	W
経差	4°-26′	W'ly（+
到着経度（仮）	182°-38′	W

到着経度が180°を超え，東経域に入ったため以下の手順で計算する。

（到着経度（仮）– 180°）

到着経度（仮）	182°-38′	W
	180°-00′	（–
経差	2°-38′	W'ly

（180°E – 経差）

	180°-00′	E
経差	2°-38′	W'ly（–
到着経度	177°-22′	E

答　到着経度　東経　177°-22′

（三）（1）作図より，ジャイロコース135°，甲灯台をジャイロコンパス方位168°で観測したため，交角は次の通り。

甲灯台のジャイロコンパス方位168° – 自船のジャイロコース135° = 33°
（自船正船首より右舷33°方向に甲灯台を視認）
船首倍角法のため，甲灯台との交角は次の通り。

33°×2（倍角）= 66°（自船正船首より右舷66°方向に甲灯台を視認）

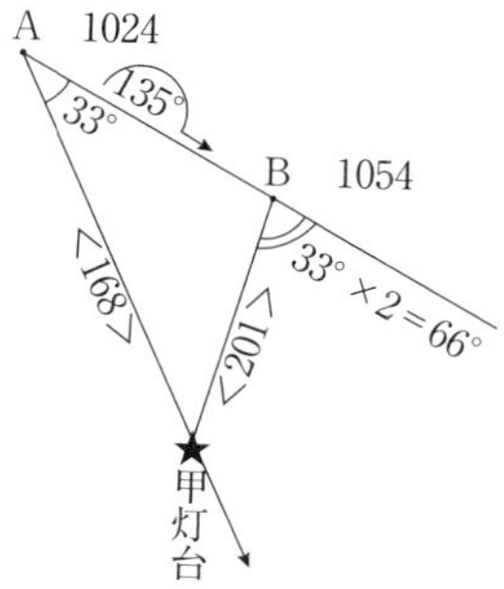

よって，自船のジャイロコース135° + 交角66° = 甲灯台のジャイロコンパス方位201°

答　甲灯台のジャイロコンパス方位　201°

（2）上図より，甲灯台のジャイロコンパス方位201°と自船のジャイロコース135°の交点をBとすると，点A～B～甲灯台を結ぶ三角形（△AB甲）は二等辺三角形になる。よって，辺AB = 辺B甲となる。問題文より，交点Bでの方位測定時刻が10時54分であったので，地点A（10時24分）から交点Bまでの所要時間は，次の通り。

所要時間＝交点Ｂの時刻－地点Ａの時刻＝10時54分－10時24分

　　　　　＝ 30分間÷60分 = 0.5時間

速力14ノットのため，交点Ｂと甲灯台間の距離は，次の通り。

　　速力14ノット×交点Ｂまでの所要時間0.5時間 = 7海里

また，甲灯台から見た交点Ｂのジャイロコンパス方位は，次の通り。

交点Ｂからの方位201°－ 反方位180° = 021°

　　　　　答　交点Ｂにおける船位は，甲灯台から方位021°，距離 7 海里

㈣　（ 2 つ解答）

・昼間の視界の良いとき。

・潮流の強い水道では，潮流が弱く，できるだけ逆潮のとき。

・漁船や他の船舶が少ないとき。

2021年 2月　定　期

航海に関する科目

（配点　各問100，総計400）

〈2時間30分〉

問題 1　（一）　偏差 4 °W，コンパス自差 1 °W の場合，真北，磁北及びコンパスの北の関係を図示せよ。

（二）　ジャイロコンパス起動時の取扱いに関して述べた次の(A)と(B)の文について，それぞれの<u>正誤を判断し</u>，下の(1)〜(4)のうちからあてはまるものを選べ。

> (A)　ジャイロコンパスは，指度が静定するまで，3〜4分かかる。
> (B)　ジャイロコンパスの静定を待って，レピータコンパスの指度を，マスタコンパスに合わせる。

(1)　(A)は正しく，(B)は誤っている。(2)　(A)は誤っていて，(B)は正しい。
(3)　(A)も(B)も正しい。　　　　　(4)　(A)も(B)も誤っている。

（三）　航行中，操舵制御装置を自動操舵から手動操舵に切り換えなければならないのは，どのような場合か。3つあげよ。

（四）　音響測深機では，海面から海底までの水深を測定するために，どのような調整をする必要があるか。

問題 2　試験用海図 No.15（⊕は，30°N，136°E で，この海図に引かれている緯度線，経度線の間隔はそれぞれ30′である。）を使用して，次の問いに答えよ。

（一）　A 丸は，大島北方海域を航行中，白埼灯台と梅山中腹の航空灯台（Aero）とが一線になったとき，そのジャイロコンパス方位を197° に測定した。ジャイロ誤差を求めよ。

（二）　B 丸（速力14ノット）は，1600星岬灯台から真方位140°，距離 6 海里の地点を発し，磁針路238° で航行した。この海域には流向290°（真方位），流速 2 ノットの海流があるものとして，次の(1)〜(3)を求めよ。
(1)　実航磁針路及び実速力
(2)　浜埼灯台の正横距離
(3)　1900の予想位置（緯度，経度）

問題 3　（一）　航路標識に関する次の問いに答えよ。

（1）　右図に示す灯浮標の意味について述べた次
の文のうち，正しいものはどれか。

（ア）　灯浮標の北側に可航水域があること。

（イ）　灯浮標の位置又はその付近に岩礁・浅
瀬・沈船等の障害物が孤立してあること。

（ウ）　灯浮標の位置が航路の中央であること。

（エ）　灯浮標の位置が工事区域等の特別な区域の境界であること。

（2）　灯浮標を利用する場合，どのようなことに注意しなければならな
いか。2つあげよ。

（二）　潮汐に関する次の問いに答えよ。

（1）　潮時及び潮高を知る必要があるのは，どのような場合か。4つあ
げよ。

（2）　潮汐表で，潮高が（－）20cm になっているのは，どのような潮
高を示すか。

（三）　沿岸航行中，クロス方位法により船位を求める場合，各物標の方位
測定に要する時間は短いほうがよいといわれるが，なぜか。

問題 4　（一）　乙丸は2120に A 地点を発し，308海里離れた B 地点に翌日
の1830に到着した。乙丸がこの間を直行したものとすると，その平均
速力は何ノットか。

（二）　速力18ノットの船が，経度175°E の赤道上の地点を発し，真針路
090° で42時間航走し，それから真針路000° で13時間航走した。到着
地の緯度，経度を求めよ。

（三）　レーダーにより船位を測定する場合，どのような物標を選定すれば
よいか。4つあげよ。

（四）　狭水道の通航計画を立てる場合，その航行水域のどのような事項に
ついて，あらかじめ調査しなければならないか。5つあげよ。

解 答　1　（一）

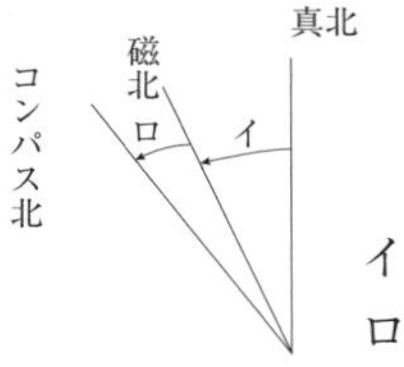

イ：偏差 4 °W'ly
ロ：自差 1 °W'ly

㈡ ⑵

㈢ （3つ解答）

　・狭水道航行時　　　・暗礁や浅瀬のある海域航行時

　・入出港時　　　　　・変針地点付近航行時

　・輻輳海域航行時　　・視界不良時

㈣　・送受波器が船底に取り付けられているので，その喫水分を調整する。

　・測深線が適切に表示されるよう利得を調整する。

　・発射周波数，パルス幅を測定水深に適したものにする。

解 答 2　㈠　作図より白埼灯台と航空灯台を結んだ線の真方位は200°である。ジャイロコンパス方位は，真方位より3°小さいことから，誤差は＋3°である。

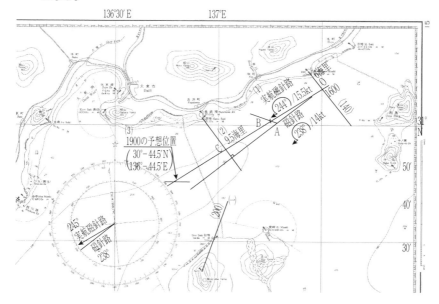

㈡　作図手順　海図15

⑴　実航磁針路と実速力

　①　星岬から真方位140°，6海里の位置を作図，同位置をＯとする。

　②　Ｏから磁針路238°の線上に速力14海里を作図，同位置をＡとする。

　③　Ａから真方位290°，2海里の潮流ベクトルを作図，同位置をＢとする。

④　ＯとＢを結んだ線の方位が実航磁針路：244° である。

　　　ＯとＢを結んだ線の航程が実速力：15.5ノットである。

(2)　浜埼灯台の正横距離

　　　本船は，磁針路238°（操舵針路）のまま実航磁針路244° の航跡上を移
動することから，原針路である磁針路238° の進路上で浜埼灯台を右正横
に見る磁針方位線（238° ＋ 90° ＝ 328°）を引き，実航磁針路244° の OB
延長線との交点をＣとする。浜埼灯台とＣを結んだ線の距離は9.5海里
である。

(3)　1900の予想位置

　　　(1)より実速力15.5ノットでの1600から1900までの３時間の航走距離
は，　15.5 ×3 =46.5海里であり，実航磁針路であるＯＢを結んだ線上に
おいて，Ｏから46.5海里の位置が1900の予想位置である。

　　　同位置は，30°44.5′N，136°44.5′E

|解 答| **3**　(一)　(1)　(イ)　【参考】この標識は孤立障害標識である。

(2)　（２つ解答）

・実際の位置と海図記載の位置とが一致していないことがある。(灯浮
標の位置は沈錘の位置を示しているが，灯浮標と沈錘とを連結してい
るチェーンは潮流や波浪などを考慮して水深以上に長くしているた
め，その旋回半径で振れ回るため。)

・波浪のため浮標が動揺し，灯質が正しく見えないことがある。

・波浪や船舶の接触事故などで，消灯，位置の移動，流失等の事故が発
生することがある。

(二)　(1)　（４つ解答）

・港や湾内など余裕水深の小さい海域を航走する場合

・険礁や浅瀬のある危険な海域を航行する場合

・着岸する場合（係留索の張り具合，舷梯の設置，荷役）

・狭水道等において潮流の流向を知る場合

・橋脚の下を通過する場合

・座礁した船が離礁を試みる場合

(2)　最低水面よりも潮高が20cm 低くなることを示している。これは，海
図に記載されている水深よりも20cm 浅くなることを示す。

(三)　船は航走しているため，測定間隔が長くなると異なる船位から方位を測
定していることになる。なるべく測定間隔を短くしほぼ同じ船位から測定

することにより，船位測定誤差を小さくすることができる。

解答 4 （一）　前日の所要時間：24時00分 − 21時20分 ＝ 2時40分

当日の所要時間：18時30分

航走時間の合計：21時10分（21.166時間）

平均速力：308 ÷ 21.17 ＝ 14.549 ≒ 14.6ノット　　　　　　**答　14.6ノット**

（二）（1）　針路90°，速力18kt で42時間航走したときの変経の算出

18 × 42 ＝ 756海里であり，度数に換算すると756 ÷ 60 ＝ 12°36′ である。175°E から東に 5 °進み，180° を超えると西経になることから，12°36′ から 5 °引いた 7 °36′ を西経値に換算すると180° − 7 °36′ ＝ 172°24′W が到着地の経度となる。

（2）　針路 0 °，速力18kt で13時間航走したときの変緯の算出

18 × 13 ＝ 234海里であり，度数に換算すると234 ÷ 60 ＝ 3 °54′ である。3 °54′N が到着地の緯度となる。

答　到着地の緯度，経度：3 °54′N，172°24′W

（三）　レーダーにより船位を測定する場合，選定する物標は，以下の通り。（4 つ解答）

・レーダで探知可能な反射面積をもつものであること

・物標からの反射は周囲の他の物標よりも強こと

・物標との距離が最初横単位距離以遠であること

・海面反射等の影響を受けない物標であること

・近くに距離が混同し判別できない物標でないこと

・近くに方位が混同し判別できない物標でないこと

・偽像や多重反射等を生じない物標であること

（四）（5 つ解答）

・特定航法の有無

・航路標識

・航進及び変針目標

・地形の状態及び障害物の有無

・水深の状況

・障害物や浅瀬に対する避険線の設定

・船舶交通の量，漁船の有無

・航行予定時の昼夜の別

・気象及び海象

2021年 4 月　定　期

航海に関する科目

(配点　各問100, 総計400)

〈2 時間 30 分〉

問題 1　(一)　液体式磁気コンパスの次の(1)～(4)は，それぞれどのような役目をするものか。下の枠内の(ア)～(カ)のうちから選び，記号で答えよ。
〔解答例：(5)－(キ)〕

(1)　コンパス液　　　(2)　磁　針　　　　(3)　浮　室
(4)　ジンバル（遊動環）装置

> (ア)　コンパスカードの北を磁北の方へ向かせる。
> (イ)　コンパスカードを軽くし，軸帽を設けて支点の摩擦を防ぐ。
> (ウ)　コンパスバウルを水平に保持する。
> (エ)　シャドーピンを立てる座金である。
> (オ)　船体の振動が伝わるのを防ぎ，コンパスカードを安定させる。
> (カ)　コンパスカードを支える。

(二)　ジャイロコンパスは磁気コンパスと比べ，どのような利点があるか。2 つ述べよ。

(三)　GPS に関して述べた次の(A)と(B)の文について，それぞれの正誤を判断し，下の(1)～(4)のうちからあてはまるものを選べ。

> (A)　GPS では，陸上に送信局を設置しているので，送信局の位置が一定している。
> (B)　GPS では，本船の位置（緯度，経度）の測定の他，進行方向（進路）及び速力を求めることができる。

(1)　(A)は正しく，(B)は誤っている。　　(2)　(A)は誤っていて，(B)は正しい。
(3)　(A)も(B)も正しい。　　　　　　　　(4)　(A)も(B)も誤っている。

(四)　音響測深機では，水深が浅いときに，濃いはっきりした線で 2 回反射線，3 回反射線が記録されることがあるが，これは一般にどのような底質の場合か。

問題2　㈠　航路標識に関する次の問いに答えよ。

(1)　右図に示す灯浮標の意味について述べた次の
文のうち，正しいものはどれか。

黒

黄

㋐　灯浮標の北側に可航水域がある。

㋑　灯浮標の東側に可航水域がある。

㋒　灯浮標の南側に可航水域がある。

㋓　灯浮標の西側に可航水域がある。

(2)　レーダー反射器とはどのようなものか。

㈡　次の(1)及び(2)は，潮汐に関する用語の説明である。それぞれ，何に
ついて述べたものか。

(1)　月がその地の子午線に正中してから，その地が高潮になるまでの
時間

(2)　日本における潮高の基準面

㈢　3物標を用いて，クロス方位法により船位を求めるため，海図上に
3本の方位線を記入したが，1点で交わらずに三角形ができた。この
場合について，次の問いに答えよ。

(1)　1点で交わらない理由としては，どのようなことが考えられるか。
2つあげよ。

(2)　この場合，どのようにして船位を決定すればよいか。

問題3　試験用海図 No.16（⊕は，40°N，138°E で，この海図に引かれ
ている緯度線，経度線の間隔はそれぞれ10′である。）を使用して，次
の問いに答えよ。

㈠　A丸（速力14ノット）は，0945鶴岬灯台の真北5海里の地点から
磁針路298°で航行した。この海域には流向315°（真方位），流速3ノッ
トの海流があるものとして，次の(1)～(3)を求めよ。

(1)　実航磁針路及び実速力

(2)　長埼灯台の正横距離

(3)　1100の予想位置（緯度，経度）

㈡　B丸は，冬島の北方海域を航行中，沖ノ島灯台及び馬埼灯台のジャ
イロコンパス方位をほとんど同時に測り，それぞれ196°，285°を得た。
このときの船位（緯度，経度）を求めよ。ただし，ジャイロ誤差はない。

問題4　㈠　甲丸は0915にA地点を発し，256海里離れたB地点に翌日
の0645に到着した。甲丸がこの間を直行したものとすると，その平均
速力は何ノットか。

(二)　乙丸は，5°-40′S，175°-10′E の地点から11°-35′N，159°-20′E の
　　地点まで航走した。次の(1)及び(2)を求めよ。
　　(1)　変　緯（緯　差）　　　　　　　　(2)　変　経（経　差）
(三)　1つの物標を利用して，船位を測定する方法を2つあげ，その概略
　　を説明せよ。
(四)　狭水道は通常どのような時機に通航するのがよいか。2つあげよ。

解答 1　(一)　(1)−(オ)，(2)−(ア)，(3)−(イ)，(4)−(ウ)
(二)　ジャイロコンパスは磁気コンパスと比べ，以下の利点がある（2択）。
　・ジャイロコンパスは真北を指すので，方位測定や針路の設定に自差や偏
　　差を加減する必要がない。
　・ジャイロコンパスのマスターコンパスの方位信号を，電気信号として多
　　数のレピータコンパスや航海計器に送信することができる。
　・レピータコンパスは必要な場所にどのような姿勢でも設置できる。
　・ジャイロコンパスは指北力が強いので，船体の振動や動揺で示度が乱れ
　　ることがなく，高緯度でも使用できる。
(三)　(2)　【参考】GPS は衛星を発信局にしているので(A)は誤りである。
(四)　超音波を反射しやすい底質として，固い泥や岩地等が考えられる。

解答 2　(一)　(1)　(イ)　【参考】この標識は東方位標識である。
　　(2)　レーダー反射器とは船舶のレーダー映像面上における航路標識などの
　　　位置の映像を鮮明にするため，電波の反射効果を良くする装置で，航路
　　　標識などに付設されている。
(二)　(1)　高潮間隔
　　(2)　潮高の基準面
　　　　最低水面上の海面の高さをいう。最低水面とは，現地の験潮記録から
　　　計算した干満差の1/2を平均水面（潮汐がないと仮定した水面）から
　　　引いた水面である。最低水面は，これ以上海面が下がらないと仮定され
　　　る海水面であり，海図の水深の基準面である。
(三)　(1)　1点に交わらない理由は次のとおりである。以下から2つ解答。
　・コンパスに誤差がある場合
　・方位測定の1本以上に測定誤差がある場合
　・方位測定のとき，測定間に時間差があり過ぎる場合

・物標を誤認している場合

・測定は正しいが，作図が誤っている場合

(2)　次のように船位を決定する。

誤差の三角形が小さい場合には，三角形の重心を船位とする。

誤差の三角形が大きい場合には，再度測定する。

再度測定しても誤差の三角形が大きい場合には，

・コンパスに誤差がある可能性があるので，各位置の線から定誤差を差し引いて作図し直す。

・物標を取り間違えている可能性があるので，物標を確認する。

再度測定する時間がない場合には，

・その三角形の最も危険な位置（例えば，陸等に最も近くなる位置）を船位とする。

解答 3　㈠　作図手順　海図16

(1)　実航磁針路と実速力

①　鶴岬から真北（真方位 0°），5 海里の位置を作図，同位置を O とする。

②　O から磁針路298°の線上に速力14海里を作図，同位置を A とする。

③　A から真方位315°，3 海里の潮流ベクトルを作図，同位置を B とする。

④　O と B を結んだ線の方位が実航磁針路：303°である。

O と B を結んだ線の航程が実速力：16.8ノットである。

(2)　長埼灯台の正横距離

本船は，磁針路298°（操舵針路）のまま実航磁針路303°の航跡上を移動することから，原針路である磁針路298°の進路上で長埼灯台を右正横に見る磁針方位線（298° + 90° = 028°）を引き，実航磁針路303°の OB 延長線との交点を C とする。長埼灯台と C を結んだ線の距離は3.4海里である。

(3)　1100の予想位置

(1)より実速力16.8ノットでの1045から1100までの 1 時間15分（1.25時間）の航走距離は，16.8 × 1.25 = 21海里であり，実航磁針路である O B を結んだ線上において，O から21海里の位置が1100の予想位置である。同位置は，40°32.4′N，137°39.6′E

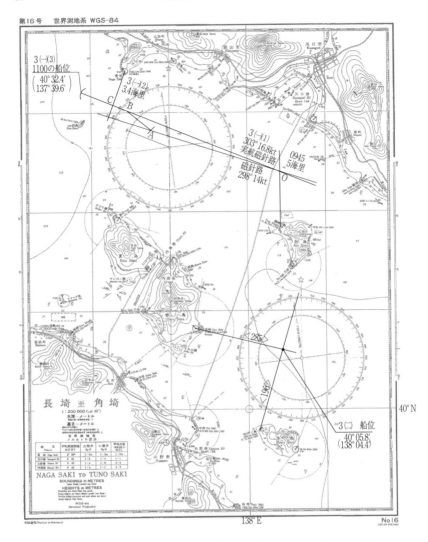

（二）　沖ノ島灯台から引いた196°の方位線と馬埼灯台から引いた285°の方位線
　　　の交点が船位であり，同位置の緯度，経度は，40°05.8′N, 138°04.4′E である。

解答 4 　（一）　前日の所要時間：24時00分 － 9 時15分 ＝ 14時45分
　　　　 当日の所要時間：6 時45分

　　航走時間の合計：21時30分（21.5時間）

　　平均速力：256 ÷ 21.5 = 11.907 ≒ 11.9　　　　　**答　11.9ノット**

（二）（1）　変緯

　　2地点が赤道を挟んで異名であるため，変緯は出発緯度に到着緯度を加える。

$$
\begin{array}{r}
5°40'\ S\ 出発緯度\\
-\ 11°35'\ N\ 到着緯度\\
\hline
17°15'\quad N'ly
\end{array}
$$

　　（2）　変経

$$
\begin{array}{r}
175°10'\ E\ 出発経度\\
-\ 159°20'\ E\ 到着経度\\
\hline
15°50'\quad W'ly
\end{array}
$$

（三）① 方位と距離を利用する方法：コンパスによる物標の方位線とレーダーによる物標の陸岸からの距離を組み合わせて船位を求める。

② 両測方位法：一定針路，速力で航行中の船舶Aが，①L灯台の方位を l_1 に見た時刻を t_1 とし，L灯台の方位を l_2 に見た時刻を t_2 とする。②前測時 t_1 と後測時 t_2 の間に航走した船舶Aの航程は $\overrightarrow{ab}$ である。③ l_1 上の任意の所に $\overrightarrow{ab}$ を作図し，そのまま l_1 上を陸岸寄りに平行移動すると，l_2 と交差する。この交差した点Fが船位である。

（四）（2つ解答）

・昼間の視界の良いとき。

・潮流の強い水道では，潮流が弱く，できるだけ逆潮のとき。

・漁船や他の船舶が少ないとき。

2021年 7月 定 期

航海に関する科目

(配点　各問100，総計400)

〈2 時間 30 分〉

問題 1　(一)　右図は，甲丸の磁気コンパスの自差曲線である。この曲線を用いて次の問いに答えよ。

(1)　甲丸はコンパス針路090°で航行中，灯台のコンパス方位を045°に測った。この灯台の磁針方位は何度か。

(2)　偏差7°Eの海域において，コンパス方位と真方位が一致するのは船首方位がおおよそ何度のときか。次のうちから選べ。

(ア)　045°　　　　(イ)　090°

(ウ)　270°　　　　(エ)　315°

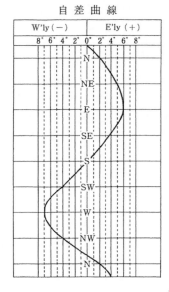

自 差 曲 線

(二)　大洋航行中，ジャイロコンパスの誤差を測定する方法を3つあげよ。

(三)　音響測深機では，感度（感度調整）を上げすぎると，表示面（記録紙）はどのようになるか。

(四)　GPS航法装置から得ることができる自船に関する情報として誤っているのは，次のうちどれか。

(1)　船位を示す緯度及び経度　　　(2)　対水速力

(3)　対地針路　　　　　　　　　　(4)　入力された目的地までの距離

問題 2　試験用海図 No.15 （⊕は，30°N，136°Eで，この海図に引かれている緯度線，経度線の間隔はそれぞれ30′である。）を使用して，次の問いに答えよ。

(一)　A丸は，大浜港に向け航行中，甲埼灯台と梅山山頂（1185）とが一線になったとき，そのジャイロコンパス方位を048°に測定した。ジャイロ誤差を求めよ。

(二)　B丸（速力14ノット）は31°-00′N，137°-30′Eの地点から磁針路

253°で航行した。この海域には流向034°（真方位），流速3.0ノットの
海流があるものとして，次の(1)及び(2)を求めよ。

(1)　実航磁針路

(2)　浜埼灯台の正横距離

㈢　C丸は，牛島北方海域を航行中，椿山山頂（325）のジャイロコン
パス方位を目視により176°に測ると同時に，レーダーにより緑埼の
北端を距離12海里に測定した。このときのC丸の船位（緯度，経度）
を求めよ。ただし，ジャイロ誤差はない。

[問題]3　㈠　航路標識に関する次の問いに答えよ。

(1)　右図に示す灯浮標の意味について述べた次の
　　文のうち，正しいものはどれか。

黄

　　㈦　灯浮標の位置が航路の中央であること。

　　㈠　灯浮標の北側に可航水域があること。

　　㈡　灯浮標の位置が工事区域等の特別な区域の
　　　　境界であること。

　　㈢　灯浮標の位置又はその付近に岩礁，浅瀬，沈船等の障害物が孤
　　　　立してあること。

(2)　照射灯は，どのような航路標識か。

㈡　潮汐に関する次の問いに答えよ。

(1)　高潮と低潮の現象は，通常，1日に2回ずつあるが，高潮と高潮，
低潮と低潮の間隔は，平均すると，何時間何分程度であるか。

(2)　潮時及び潮高を知る必要があるのは，どのような場合か。4つあ
げよ。

㈢　重視物標の選定にはどのような注意か必要か。3つあげよ。

[問題]4　㈠　甲丸は，距離95.0海里の2地点間を7時間36分で航走した。
甲丸がこの間を直行したものとすると，その平均速力は何ノットか。

㈡　42°-36′N，175°-00′Eの地点から変緯255′S，変経352′Eとなる地点
の緯度，経度を求めよ。

㈢　方位線の転位による船位測定法（ランニングフィックス又は両測方
位法）を，図示して説明せよ。また，この方法によって船位を求める
場合に注意しなければならない事項を述べよ。

㈣　レーダーにより船位を測定する場合，物標の距離の測定について注
意しなければならない事項を2つあげよ。

解 答 1　㈠　(1)　自差曲線よりコンパ
ス針路090°の自差 6 °E'ly である。
コンパス北は磁北の東に 6 度ずれて
いる。従って磁北からの灯台コンパ
ス方位は45 + 6 = 51度となる。

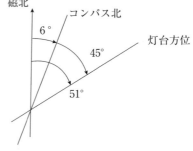

　　(2)　㈅　コンパス方位と真方位が一致
するためには，偏差 7 °E'ly に対し，
時差が 7 °W'ly であればよい。自差
曲線から 7 °W'ly となるのは270°
　㈡　時辰方位角法，日出没方位角法，北極星方位角法
　㈢　雑音を海底からの反射波として捉え，それを表示するため記録紙は真っ
黒くなる。
　㈣　(2)

解 答 2　㈠　作図より甲埼灯台と梅山山頂を結んだ線の真方位は050°であ
る。
　　　ジャイロコンパス方位は，真方位より 2 °小さいことから，誤差は＋ 2 °
である。
　㈡　作図手順　海図15
　　(1)　実航磁針路と実速力
　　　　(31°00′N，137°30′E) の位置を作図し，同位置を O とする。
　　　①　O から磁針路253°の線上に速力14海里を作図，同位置を A とする。
　　　②　A から真方位34°，3 海里の潮流ベクトルを作図，同位置を B とする。
　　　③　O と B を結んだ線の方位が実航磁針路：260°である。
　　(2)　浜埼灯台の正横距離
　　　　本船は，磁針路253°（操舵針路）のまま実航磁針路260°の航跡上を移
動することから，原針路である磁針路253°の進路上で浜埼灯台を右正横
に見る磁針方位線（253° + 90° = 343°）を引き，実航磁針路260°の OB
延長線との交点を C とする。浜埼灯台と C を結んだ線の距離は9.5海里
である。
　㈢　椿山山頂から引いた176°の方位線と緑埼北端から引いた距離12海里の
円弧の交点が船位であり，同位置の緯度・経度は，30°17.5′N，137°39.0′E
となる。

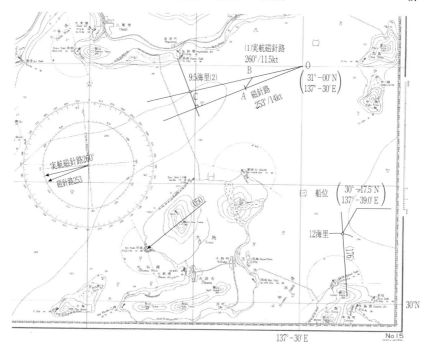

【解答】**3** (一) (1) (ウ) 【参考】この標識は特殊標識である。

   (2) 険礁，防波堤先端などの特定物またはその付近だけを照射するために設けられたもの。

(二) (1) 12時間程度

   (2) （4つ解答）

    ・港や湾内など余裕水深の小さい海域を航走する場合

    ・険礁や浅瀬のある危険な海域を航行する場合

    ・着岸する場合（係留索の張り具合，舷梯の設置，荷役）

    ・狭水道等において潮流の流向を知る場合

    ・橋脚の下を通過する場合

    ・座礁した船が離礁を試みる場合

(三) ・2体1組の重視目標のうち，手前の目標物が自船に著しく近い場合，精度が劣る場合があることに留意する

   ・2体1組の重視目標の高さなどが同程度の場合，前後の区別が難しくなることに注意する

・自然物（山頂や断崖等）を利用する場合は傾斜等が緩やかではなく顕著なものを選定する

・海図上の位置が確かなもので視認しやすいものを選定する

・遠方にあるため判別が難しい場合，近距離に位置するものを選定する

解答 4　（一）　速力×時間＝航程であるから，平均速力＝航程÷所要時間である。

　　　所要時間 7 時間36分は7.6時間であるから，95海里 ÷ 7.6時間 ＝ 12.5ノット　　　　　　　　　　　　　　　　　　　　　　　　　　　　**答**　12.5ノット

（二）　出発地（42°36′N，175°00′E）に加除する変緯255′S 及び変経352′E を度数に換算する。

　　　255′S ÷ 60 ＝ 4 °15′S′ly　出発地の緯度と異名であり，緯度値から減ずる。

　　　352′E ÷ 60 ＝ 5 °52′E′ly　出発地の経度と同名であり，経度値に加える。

　① 到着緯度の算出

　　　　42°36′N

　　－　 4°15′S′ly

　　　　38°21′N

　② 到着経度の算出　　　　180° を超えた度数を西経域（W）に換算する。

　　　175°00E　　　　　　　180°00W

　　＋　5°52′E′ly　　　　　－　 52′E′ly

　　　180°52′　　　　　　　179°08′W

　　　　　　　　　　　　　　　　　　　　答　38°21′N，179°08′W

（三）　ランニングフィックスとは，同時に 2 本以上の位置の線が得られない場合に，得た 1 本の位置の線を転移して船位を求める方法をいう。

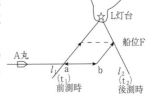

　　両測方位法とは，一定針路，速力で航行中の船舶Ａが，① L 灯台の方位を l_1 に見た時刻を t_1 とし，L 灯台の方位を l_2 に見た時刻を t_2 とする。②前測時 t_1 と後測時 t_2 の間に航走した船舶 A の航程は $\overrightarrow{ab}$ である。③ l_1 上の任意の所に $\overrightarrow{ab}$ を作図し，そのまま l_1 上を陸岸寄りに平行移動すると，l_2 と交差する。この交差した点 F が船位である。

注意事項

① 針路，速力を保持する。

② 2 つの方位線の交角は30° より大きくする。

③ 近い物標を利用する。

④ 前測と後測の時間は短くする。

⑤ 転位誤差があり，船位を過信しない。風潮流の影響のある海域では注意する。

㈣　物標の距離を測定する場合，以下に注意する。（2つ解答）

・可変距離カーソルの外側が，物標の内側に接するように測定する。

・映像がスコープの外周付近にくるように（拡大されるように），測定レンジを調整する。

・物標について，砂浜など緩やかな海岸はその反射が弱く正確な反射波を得るのは難しいので，崖など反射しやすい物標を選ぶ。

・なるべく近々距離の物標を利用する。

2021年10月　定　期

航海に関する科目

（配点　各問100，総計400）

〈2 時間 30 分〉

問題1　(一)　液体式磁気コンパスに関する次の問いに答えよ。

(1)　コンパスのバウル内に気泡がある場合，どのようにしてこれを取り除くか。

(2)　コンパス付近に鉄器類を近づけるとよくない理由を述べよ。

(二)　ジャイロコンパスを使用して航行中は，一般にどのような注意が必要か。2つあげよ。

(三)　航行中，操舵制御装置をノンフォローアップ操舵（レバー操舵）に切り替えて使用するのは，どのような場合か。

(四)　レーダーの使用に関して述べた次の(A)と(B)の文について，それぞれの正誤を判断し，下の(1)～(4)のうちからあてはまるものを選べ。

> (A)　自船が動揺している場合は，自船が水平となった時に方位を測定する。
>
> (B)　相対方位表示方式（ヘッドアップ）では，海図との比較対照が容易である。

(1)　(A)は正しく，(B)は誤っている。　(2)　(A)は誤っていて，(B)は正しい。

(3)　(A)も(B)も正しい。　　　　　　(4)　(A)も(B)も誤っている。

問題2　試験用海図 No.16（⊕は，40°N，135°E で，この海図に引かれている緯度線，経度線の間隔はそれぞれ10′である。）を使用して，次の問いに答えよ。

(一)　A 丸（速力12ノット）は，1015鹿埼灯台の真南3海里の地点を発し，磁針路300°で航行した。この海域には流向355°（真方位），流速1ノットの海流があるものとして，次の(1)～(3)を求めよ。

(1)　実航磁針路及び実速力

(2)　竹岬灯台の正横距離

(3)　1200の予想位置（緯度，経度）

(二)　B 丸は，春島東方海域を航行中，上埼灯台及び馬埼灯台のジャイロコンパス方位をほとんど同時に測り，それぞれ288°，216°を得た。こ

のときの船位（緯度，経度）を求めよ。ただし，ジャイロ誤差はない。

問題 3　㈠　航路標識に関する次の問いに答えよ。

(1)　右図に示す灯浮標の意味について述べた次の文
のうち，正しいものはどれか。

　㋐　灯浮標の位置又はその付近に海洋観測施設が
　　あること。

　㋑　灯浮標の北側に岩礁，浅瀬，沈船等の障害物
　　があること。

　㋒　灯浮標の右側に優先航路があること。

　㋓　灯浮標の位置が航路の中央であること。

(2)　指向灯は，どのような航路標識か。

㈡　潮汐に関する次の問いに答え
よ。

(1)　潮汐表で，潮高が（−）
20cm になっているのは，ど
のような潮高を示すか。

(2)　右図は太陽，地球及び月
〔㋐，㋑，㋒，㋓〕の関係位
置を示す。

小潮となる場合の月の位置を，図の㋐〜㋓のうちから選び，記号で
答えよ。

㈢　沿岸航行中，クロス方位法により船位を求める場合，物標は 2 個よ
りも 3 個選ぶほうがよいといわれるが，なぜか。

問題 4　㈠　甲丸は，1545に C 地点を発し，271海里離れた D 地点に翌
日の1200に到着する計画である。甲丸は，この間を直行する場合，何
ノットの平均速力で航行すればよいか。

㈡　乙丸は，6°−30′S，176°−30′E の地点から11°−47′N，162°−45′W の
地点まで航走した。次の(1)及び(2)を求めよ。

(1)　変　緯（緯　差）　　　　　　(2)　変　経（経　差）

㈢　海図上で 2 地点間の距離を測る場合，両地点の中間における緯度尺
を用いるのは，なぜか。

㈣　狭水道の通航計画を立てる場合，その航行水域のどのような事項に
ついて，あらかじめ調査しなければならないか。5 つあげよ。

解答 1 (一) (1)　バウルを反転することにより，その気泡を下室内に導き，空気槽に吸収することができる。又は注液口からコンパス液を補充する。

(2)　鉄器の移動により自差が変化してしまい，磁気コンパスの示度に狂いを生じるため。

(二)　ジャイロコンパスを使用して航行する場合の注意は以下の通りである（2択）。

・マスターコンパスの示度とレピータコンパスの示度を照合し，整合させる。

・磁気コンパスの示度と照合して，コンパス誤差の変化を調べる。

・機会あるごとにジャイロエラーを測定する。

・（自動調整でない場合）緯度や速度が変わったら，速度誤差修正値を修正する。

(三)　ノンフォローアップ操舵は通常操舵ができなくなった場合に実施する応急操舵である。

ノンフォローアップ操舵レバーによる信号は直接動作部を動かすことができ，レバーを左右に倒している間だけ，その方向に操舵機を動かす。

(四)　(1)が正答。(B)「映像と海図との比較対照が容易」なのは，真方位表示方式（ノースアップ）。

解答 2 (一)　作図手順：海図16

(1)　実航磁針路と実速力

①　鹿埼灯台から真南（真方位180°），3海里の位置を作図，同位置をOとする。

②　Oから磁針路300°の線上に速力12海里を作図，同位置をAとする。

③　Aから真方位355°，1海里の潮流ベクトルを作図，同位置をBとする。

④　OとBを結んだ線の方位が実航磁針路：305°である。

OとBを結んだ線の航程が実速力：12.6ノットである。

(2)　竹岬灯台の正横距離

本船は，磁針路300°（操舵針路）のまま実航磁針路305°の航跡上を移動することから，原針路である磁針路300°の進路上で竹岬灯台を右正横に見る磁針方位線（300°＋90°＝030°）を引き，実航磁針路305°のOB延長線との交点をCとする。竹岬灯台とCを結んだ線の距離は5.2海里である。

(3)　1200の予想位置

　　(1)より実速力12.6ノットでの1015から1200までの１時間45分（1.75時間）の航走距離は，12.6×1.75≒22海里であり，実航磁針路であるＯＢを結んだ線上において，Ｏから22海里の位置が1200の予想位置である。同位置は，40°30.4′N，134°49.2′E

㈡　馬埼灯台から引いた216°の方位線と上埼灯台から引いた288°の方位線の交点が船位であり，同位置の緯度，経度は，40°13.2′N，134°57.4′Eである。

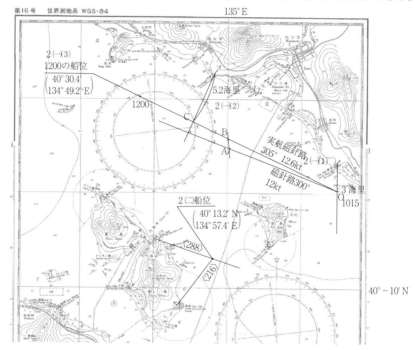

■解答■3　㈠　(1)　㈔　【参考】この標識は安全水域標識である。

　　(2)　指向灯

　　　　通航困難な水道や港内の航路を示すため，航路の延長線上の陸地に設置し，白光により航路を，緑光により左舷の危険水域を，赤光により右舷の危険水域を示す。

㈡　(1)　最低水面よりも潮高が20cm低くなることを示している。これは，海図に記載されている水深よりも20cm浅くなることを示す。

　　(2)　月が上弦または下弦のとき，月と太陽が地球に対して直角方向に位置

するとその引力が地球に対して打ち消しあうため，干満の差が小さく，小潮となる。　　　　　　　　　　　　　　　　　　　　**答　ア，ウ**

(三)　3物標の方位を利用すれば，それらの方位線に誤差がある場合（例えば，物標の誤認，方位の測定誤差，海図へ記入誤り）には誤差三角形ができ，方位線に誤差があることが判定できる。2物標であると，方位線が正確であるかどうか判定できない。

解答 4　(一)　前日の所要時間：24時00分 − 15時45分 ＝ 8時15分

当日の所要時間：12時00分

航走時間の合計：20時15分（20.25時間）

平均速力：271 ÷ 20.25 ＝ 13.38　　　　　　　　　**答　13.4ノット**

(二)　(1)　変緯

2地点が赤道を挟んで異名であるため，変緯は出発緯度に到着緯度を加える。

$$
\begin{array}{rl}
11°47'N & \text{到着緯度} \\
+\quad 6°30'S & \text{出発緯度} \\
\hline
18°17'N'ly & \text{北上}
\end{array}
$$

(2)　変経

180°までの東経での変経と180°を超え西経での変経を合計する。

① 東経での変経	② 西経での変経	③ 合計
180°00	180°00	3°30
− 176°30′E	− 162°45′W	+ 17°15′
3°30′	17°15′	20°45′E'ly

(三)　海図は図法として漸長緯度を採用しているため，緯度が高くなるほど緯度間隔は広くなる。したがって，低緯度の距離を高緯度の緯度尺で測ったり，高緯度の距離を低緯度の緯度尺で測ることでは距離を正確に測ることはできない。正確に測る為には，両地点間の中間における緯度（中分緯度）付近の緯度尺を用いる必要がある。

(四)　（5つ解答）

・特定航法の有無

・航路標識

・航進及び変針目標

・地形の状態及び障害物の有無

・水深の状況

・障害物や浅瀬に対する避険線の設定
・船舶交通の量，漁船の有無
・航行予定時の昼夜の別
・気象及び海象

2022年 2月　定　期

航海に関する科目

（配点　各問100，総計400）

《2時間30分》

問題 1　（一）　下表は，甲丸の磁気コンパスの自差表である。この表により次の(1)及び(2)の問いに答えよ。

船首方位	000°	045°	090°	135°	180°	225°	270°	315°
自　差	1°W	3°W	5°W	2°W	1°E	2°E	6°E	4°E

(1)　甲丸はコンパス針路180°で航行中，灯台のコンパス方位を110°に測った。この灯台の磁針方位は何度か。

(2)　磁針路315°で航行するには，甲丸はコンパス針路を何度にすればよいか。

（二）　ジャイロコンパスは磁気コンパスと比べ，どのような利点があるか。2つ述べよ。

（三）　航行中，操舵制御装置を自動操舵から手動操舵に切り換えなければならないのは，どのような場合か。3つあげよ。

（四）　ドップラーログに関して述べた次の(A)と(B)の文について，それぞれの正誤を判断し，下の(1)～(4)のうちからあてはまるものを選べ。

> (A)　船底の送受波器から斜め船首尾方向に発射した音波の反射波を受信し，受信波の周波数の変化を利用して速力を測る装置である。
>
> (B)　機関後進等により，海水中に気泡が存在した場合でも，正確な船速が測定できる。

(1)　(A)は正しく，(B)は誤っている。　(2)　(A)は誤っていて，(B)は正しい。

(3)　(A)も(B)も正しい。　　　　　　(4)　(A)も(B)も誤っている。

問題 2　試験用海図 No.15（⊕は，30°N，125°E で，この海図に引かれている緯度線，経度線の間隔はそれぞれ30′である。）を使用して，次の問いに答えよ。

（一）　A 丸は，長浜港沖を航行中，浜崎灯台と松山中腹の航空灯台（Aero）とが一線になったとき，そのジャイロコンパス方位を010°に測定した。

ジャイロ誤差を求めよ

(二) B丸は，星岬灯台のジャイロコンパス方位を目視により313°（誤差なし）に測ると同時に，レーダーにより星岬の南東端を距離8.5海里に測定した。このときのB丸の船位（緯度，経度）を求めよ。

(三) C丸（速力14ノット）は，黒埼灯台の真南5海里の地点を発し，磁針路123°で航行した。この海域には流向065°（真方位），流速2ノットの海流があるものとして，次の(1)及び(2)を求めよ。

(1) 実航磁針路　　(2) 黄岬灯台の正横距離

問題 3 (一) 航路標識に関する次の問いに答えよ。

(1) 右図に示す灯浮標の意味について述べた次の文のうち，正しいものはどれか。

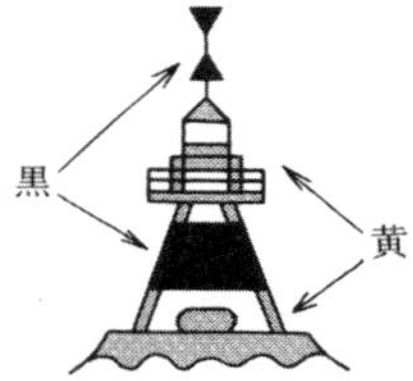

(ア) 灯浮標の北側に可航水域がある。
(イ) 灯浮標の東側に可航水域がある。
(ウ) 灯浮標の南側に可航水域がある。
(エ) 灯浮標の西側に可航水域がある。

(2) 灯台の明弧と分弧を説明せよ。

(二) 潮汐（せき）表によれば，A港の標準港はB港で，潮時差は（+）$0^{h}-45^{m}$，潮高比は0.90である。また，A港のZ_0（最低水面から平均水面までの高さ）は145cm，標準港B港のZ_0は165cmである。

右表は標準港B港における当日の潮汐を示す。次の問いに答えよ。

時刻		潮高
h	m	cm
04	40	−12
11	02	267
17	05	54
22	54	254

(1) 当日午後のA港の高潮時と潮高を求めよ。

(2) 右表で$04^{h}40^{m}$の潮高は，−12cmとなっているが，これはどのような潮高を示しているか。

(三) 沿岸航行中，クロス方位法によって船位を求める場合，物標選定上の注意事項を3つ述べよ。

問題 4 (一) 34°−40′N，139°−30′Eの地点から変緯232′S，変経525′Wとなる地点の緯度，経度を求めよ。

(二) 速力13ノットの船が，緯度5°−38′Sの地から真針路000°で航走すると，何時間で赤道に到達することができるか。

(三) 船首目標に関する次の問いに答えよ。

(1) 2物標のトランシットを船首目標として航進中，船位が左に偏し

ているときの２物標はどのように見えるか。図示せよ。

(2) 真方位045°のコースライン上にあるL灯台を船首目標として航進中、L灯台の真方位を043°に測定した。この場合、船位はコースラインの左右どちらに偏しているか。

㈣ 潮汐の影響の強い水域の航海計画を立てるにあたり、潮高については、どのようなことを考慮しておかなければならないか。

解答 1 ㈠ (1) 自差表よりコンパス針路180°での自差１°E'ly である。これを図示すると

図１より磁針方位は　110° + 1° = 111°　　　　　　　　答　111°

(2) 磁針路315°での自差は４°E'ly である。これを図示すると

図２よりコンパス針路　315° − 4° = 311°　　　　　　　答　311°

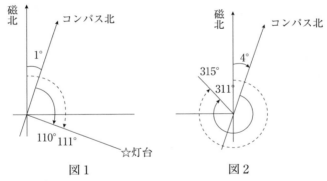

図１　　　　　　　　　　　図２

㈡ （２つ解答）
・ジャイロコンパスは真北を指すので、方位測定や針路の設定に自差や偏差を加減する必要がない。
・指北力が強いので、振動で指示が乱れることがなく、また高緯度地方でも使用できる。
・ジャイロコンパスのマスターコンパスの方位信号を電気信号として多数のレピータコンパスや航海計器に送信することができる。
・レピータコンパスは必要な場所にどのような姿勢でも設置できる。

㈢ （３つ解答）
・狭水道航行時
・入出港時

・輻輳海域航行時
・暗礁や浅瀬のある海域航行時
・変針地点付近航行時
・視界不良時

(四)　解答は(1)

解答 2　(一)　試験海図15

(一)　作図より浜埼灯台と航空灯台を結んだ線の真方位は011°である。

　　　ジャイロコンパス方位は，真方位より1°小さいことから，誤差は＋1°である。

(二)　星岬灯台から引いた313°の方位線と星岬南東端から引いた距離8.5海里の円弧の交点が船位であり，同位置の緯度・経度は，31°07.0′N，126°34.0′Eとなる。

(三)　作図手順　海図15

　(1)　実航磁針路

　　①　黒埼灯台の真南（真方位180°）5海里の位置を作図，同位置をOとする。

　　②　Oから磁針路123°の線上に速力14海里を作図，同位置をAとする。

　　③　Aから真方位065°，2海里の潮流ベクトルを作図，同位置をBとする。

　　④　OとBを結んだ線の方位が実航磁針路：118°である。

　(2)　黄岬灯台の正横距離

　　　本船は，磁針路123°（操舵針路）のまま実航磁針路118°の航跡上を移動することから，原針路である磁針路123°の進路上で黄埼灯台を右正横に見る磁針方位線（123°＋90°＝213°）を引き，実航磁針路118°のOB延長線との交点をCとする。黄埼灯台とCを結んだ線の距離は8.0海里である。

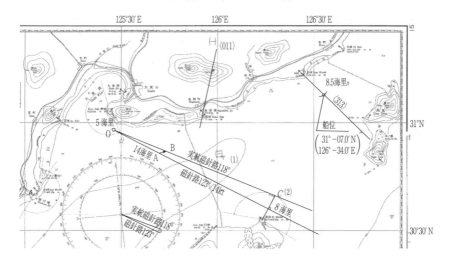

解答 3 (一) (1) (エ) 【参考】この標識は西方位標識である。

(2) 明弧とは航路標識から灯光を発する範囲をいい，そのうち異なる灯色（一般的に白色の灯色のところ，赤色又は緑色の灯色）により，険礁などを示すための灯光を発する範囲を分弧という。

(二) (1) ① 午後の A 港の高潮時

表値から標準港Bの高潮時は，22h － 54m

B港とA港の潮時差 ＋ 0h － 45m

A港の高潮時 23h － 39m

① A港の高潮時の潮高の算出

A港の潮高 ＝（標準港Bの潮高 － B港の Z_0）× 0.9 ＋ A 港の Z_0

（254 － 165）× 0.9 ＋ 145 ＝ 225.1cm 　　　**答** 　225.1cm

(2) 最低水面より12cm 低くなることから，海図記載の水深より12cm 低くなる。

(三) （3つ解答）

・顕著で位置の正確な物標（灯台，島頂，山頂等）を選択する。浮標など移動する可能性のあるものを選定しない。

・なるべく近距離の物標を選択する。

・各物標による位置の線の交角が適切な角度になるように物標を選択する。 2物標であれば約90°， 3物標であれば約60° が良い。

・正確な位置を得るため，できれば3物標とする。2物標では位置の線に
誤差があっても，それを発見することは困難である。

解答 4　㈠　出発地（34°40′N，139°30′E）に加除する変緯232′S 及び変経
525′W を度数に換算する。

232′S ÷ 60 = 3°52′S'ly　出発地の緯度と異名であり，緯度値から引く。

525′W ÷ 60 = 8°45′W'ly　出発地の経度と異名であり，経度値から引く。

① 到着緯度の算出　　　② 到着経度の算出

$$
\begin{array}{r}
34°40′N \\
-　3°52′S'ly \\
\hline
30°48′N
\end{array}
\qquad
\begin{array}{r}
139°30′E \\
-　8°45′W'ly \\
\hline
130°45′E
\end{array}
$$

㈡　速力×時間＝航程であるから，所要時間＝航程÷速力である。

南緯5°38′S から赤道までの航程は，60×5 +38=338海里，

338 ÷ 13 = 26時間　　　　　　　　　　　　　　　**答**　26時間

㈢　⑴　2物標のトランジットと左偏の図示（小島等）

①　コース上の場合

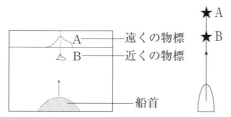

船橋の操船者は，A，Bが重なり同一方向に見る

②　コースから左偏

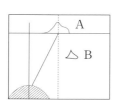

船橋の操船者は，A，Bが重なることなく手前のBは右船首にずれ
て見える

(2)　右図のように左右偏時のコンパス方位を
　　　$Q_1 Q_2$ とする。
　　　コースラインより左偏していると Q_1 は 45°
　　　より大きくなり，コースラインより右偏
　　　していると Q_2 は 45° より小さくなる。従っ
　　　て 45° より小さい 43° に見た場合は，右偏
　　　していることになる。

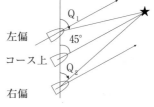

(四)　・潮汐表により，通過予定時の潮高変化を確認する。

　　　・波浪や高潮等の異常潮位に伴う上記の予測潮高に対する偏差を考慮する。

　　　・潮高影響が強い海域では，一般的に潮流影響が強く，この予測を行う。

　　　・特に低潮高時に航行する場合は，海底地形変化や暗岩の存在に注意する。

　　　・橋の下を通過する場合は，エアドラフトの関係に注意する。

2022年 4月　定 期

航海に関する科目

（配点　各問100，総計400）

〈2時間30分〉

問題1　(一)　液体式磁気コンパスの自差に関して述べた次の(A)と(B)の文について，それぞれの<u>正誤を判断し</u>，下の(1)〜(4)のうちからあてはまるものを選べ。

> (A)　自差は，磁気コンパス自体が持つ磁気によって生じる誤差である。
>
> (B)　航海中に針路を変えると，自差は変化する。

　(1)　(A)は正しく，(B)は誤っている。　(2)　(A)は誤っていて，(B)は正しい。
　(3)　(A)も(B)も正しい。　　　　　　　(4)　(A)も(B)も誤っている。

(二)　大洋航行中，ジャイロコンパスの誤差を測定する方法を3つあげよ。

(三)　音響測深機で正しい水深を得るためには，どのような注意が必要か。3つあげよ。

(四)　レーダーを操作するうえで物標の映像を鮮明にするために使用する調整には，どのようなものがあるか。4つあげよ。

問題2　試験用海図 No.16（⊕は，40°N，140°E で，この海図に引かれている緯度線，経度線の間隔はそれぞれ10′である。）を使用して，次の問いに答えよ。

(一)　A 丸は，山野港沖を航行中，牛埼灯台と白銀山山頂（884）とが一線になったとき，そのジャイロコンパス方位を263°に測定した。ジャイロ誤差を求めよ。

(二)　B 丸（速力13ノット）は，1030冬島灯台の真東3海里の地点を発し，磁針路345°で航行した。この海域には流向315°（真方位），流速2ノットの海流があるものとして，次の(1)〜(3)を求めよ。

　(1)　実航磁針路及び実速力
　(2)　犬埼灯台の正横距離
　(3)　1200の予想位置（緯度，経度）

問題3　(一)　航路標識に関する次の問いに答えよ。

⑴　右図に示す灯浮標の意味について述べた次の
　　文のうち，正しいものはどれか。
　　㋐　灯浮標の北側に可航水域がある。
　　㋑　灯浮標の東側に可航水域がある。
　　㋒　灯浮標の南側に可航水域がある。
　　㋓　灯浮標の西側に可航水域がある。

黒

黄

⑵　次の㋐及び㋑は，灯質の定義を述べたものである。それぞれどの
　　ような灯質か。種類を記せ。
　　㋐　それぞれ一定の光度を持つ異色の光を交互に発するもの
　　㋑　一定の光度を保持し，暗間の有しないもの
㈡　潮汐に関する次の用語を説明せよ。
　⑴　最低水面　　　　　　　　　　⑵　潮時差
㈢　クロス方位法で船位を測定する場合，次の⑴及び⑵についてはそれ
　　ぞれどのような注意が必要か。
　　⑴　物標までの距離　　　　　　⑵　物標の数
問題 4 　㈠　11°-30′N，176°-50′W の地点から変緯105′S，変経275′W
　　となる地点の緯度，経度を求めよ。
　㈡　速力16ノットの船が，緯度 4°-24′N の地から真針路180° で航走す
　　ると，何時間で赤道に到達することができるか。
　㈢　方位線の転位による船位測定法（ランニングフィックス又は両測方
　　位法）は，どのような場合に用いられるか。また，その測定方法を図
　　示して説明せよ。
　㈣　狭水道は通常どのような時機に通航するのがよいか。 2 つあげよ。

解 答 1 　㈠　解答は⑵
㈡　時辰方位角法，日出没方位角法，北極星方位角法
㈢　（ 3 つ解答）
　・測深深度に応じて音波の発射周期を変える。
　・測深線が適切に表示されるよう利得を調整する。
　・送受波器は船底に取付けられているので，喫水を調整する。
　・表層雑音が多い場合は STC を適切に使用する。
　・表示部の輝度を適切に調整する。
㈣　以下のうち 4 つ。

・STC（海面反射抑制）
・FTC（雨雪反射抑制）
・チューニング（局部発信機の周波数調整）
・Gain（中間周波増幅器の利得調整）
・インテンシティ（映像の明るさ調整）

解答 2 （一）　作図手順　海図16

　　作図より牛埼灯台と白銀山山頂を結んだ線の真方位は265°である。

　　ジャイロコンパス方位は，真方位より2°小さいことから，誤差は＋2°である。

（二）　実航磁針路と実速力

①　冬島の真東（真方位090°）3海里の位置を作図，同位置をOとする。

②　Oから磁針路345°の線上に速力13海里を作図，同位置をAとする。

③　Aから真方位315°，2海里の潮流ベクトルを作図，同位置をBとする。

④　OとBを結んだ線の方位が実航磁針路：342°である。

　　OとBを結んだ線の航程が実速力：14.8ノットである。

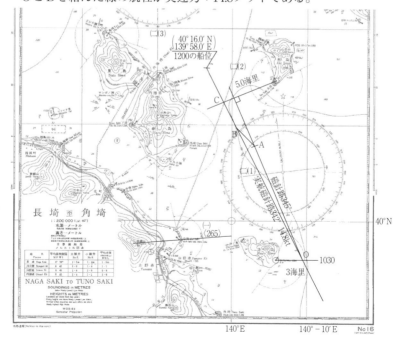

(2)　犬埼灯台の正横距離

　　本船は，磁針路345°（操舵針路）のまま実航磁針路342°の航跡上を移動することから，原針路である磁針路345°の進路上で犬埼灯台を右正横に見る磁針方位線（345°＋ 90°＝ 075°）を引き，実航磁針路342°の OB延長線との交点を C とする。犬埼灯台と C を結んだ線の距離は5.0海里である。

(3)　1200の予想位置

　　(1)より実速力14.8ノットでの1030から1200までの 1 時間30分（1.5時間）の航走距離は，14.8 × 1.5 ＝ 22.2海里であり，実航磁針路である OB を結んだ線上において， O から22.2海里の位置が1200の予想位置である。同位置の緯度，経度は，40 °16.0′N，139°58.0′E

解答 3　㈠　(1)　㈦【参考】この標識は北方位標識である。

　(2)　㈦　互光，㈣　不動光

㈡　(1)　最低水面：最低低潮面の平均で，通常の状態において最も海面が下がるときである。日本の海図に記載される水深の基準面である。基本水準面ともいう。

　(2)　潮時差：標準港以外の港における潮時の概値を求めるとき，標準港の当日の潮時に加減する改正数である。

㈢　(1)　方位測定誤差は遠くの物標ほど大きいので，遠距離の物標より近距離の物標を用いる。

　(2)　物標は 3 つ以上選ぶことが望ましく，その場合それぞれの交角が60°近くになるように選ぶ。

解答 4　㈠　出発地（11°30′N，176°50′W）に加除する変緯105′S 及び変経275′W を度数に換算する。

　　105′S ÷ 60 ＝ 1°45′S'ly　出発地の緯度と異名であり，緯度値から差し引く。

　　275′W ÷ 60 ＝ 4°35′W'ly　出発地の経度と同名であり，経度値に加える。

①　到着緯度の算出

　　　11°30′N

－　　 1°45′S'ly

　　　　9°45′N

② 到着経度の算出　　→180°を超えた度数1°25′を東経域（E）に換算する。

$$176°50′W$$
$$+ \quad 4°35′W'ly$$
$$\overline{181°25′}$$
$$- \quad 180°$$
$$\overline{1°25′}$$

$$180°00′$$
$$- \quad 1°25′W'ly$$
$$\overline{178°35′E}$$

答　9°45′N, 178°35′E

㈡　速力×時間＝航程であるから，所要時間＝航程÷速力である。

　　北緯4°24′N から赤道までの航程は，60 × 4 + 24 = 264海里，

　　264 ÷ 16 = 16.5時間

㈢　ランニングフィックスとは，同時に2本以上
の位置の線が得られない場合に，得た1本の位
置の線を転移して船位を求める方法をいう。

　　両測方位法とは，一定針路，速力で航行中の
船舶Aが，①L灯台の方位を l_1 に見た時刻を
t_1 とし，L灯台の方位を l_2 に見た時刻を t_2 と

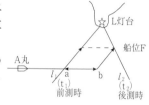

する。②前測時 t_1 と後測時 t_2 の間に航走した船舶Aの航程は $\overline{ab}$ である。
③ l_1 上の任意の所に $\overrightarrow{ab}$ を作図し，そのまま l_1 上を陸岸寄りに平行移動す
ると，l_2 と交差する。この交差した点Fが船位である。

㈣　（2つ解答）

・昼間の視界の良いとき。

・潮流の強い水道では，潮流が弱く，できるだけ逆潮のとき。

・漁船や他船舶が少ないとき。

2022年 7月　定　期

航海に関する科目

(配点　各問100，総計400)

〈2時間30分〉

問題 1　(一)　右図は，液体式磁気コンパ
スの構造を示す断面図である。次の問
いに答えよ。

基線① ② ③軸帽 ④

⑤

導管　コンパス液

(1)　図中の①〜⑤の名称を記せ。
(2)　図中の①，②及び⑤は，それぞれ
どのような役目をするか。

(二)　音響測深機には，正しい水深を得る
ために，どのような調整装置があるか。3つあげよ。

(三)　船舶自動識別装置（AIS）が送信する情報に関して述べた次の(A)と
(B)の文について，それぞれの正誤を判断し，下の(1)〜(4)のうちからあ
てはまるものを選べ。

> (A)　AIS は，自船の船名，位置，針路，速力，目的地などの航行
> 情報を VHF 帯の電波を使用して自動的に送信する。
> (B)　AIS で送信される全ての情報は，一定の間隔で自動的に更新
> される。

(1)　(A)は正しく，(B)は誤っている。
(2)　(A)は誤っていて，(B)は正しい。
(3)　(A)も(B)も正しい。　　　　　(4)　(A)も(B)も誤っている。

問題 2　試験用海図 No.15（⊕は，30°N，131°E で，この海図に引かれ
ている緯度線，経度線の間隔はそれぞれ30′である。）を使用して，次
の問いに答えよ。

(一)　A 丸は，大島北方海域を航行中，黄岬灯台と北山山頂（927）とが
一線になったとき，そのジャイロコンパス方位を190°に測定した。ジャ
イロ誤差を求めよ。

(二)　B 丸（速力12ノット）は，白埼灯台の真北8海里の地点から磁針路
053°で航行した。この海域には流向250°（真方位），流速2ノットの
海流があるものとして，次の(1)及び(2)を求めよ。

　(1)　実航磁針路

　(2)　星岬灯台の正横距離

(三)　Ｃ丸は，赤岬東方海域を航行中，赤岬灯台及び青埼灯台のジャイロ
コンパス方位をほとんど同時に測り，それぞれ233°，328°を得た。こ
のときの船位（緯度，経度）を求めよ。ただし，ジャイロ誤差はない。

問題 3　(一)　航路標識に関する次の問いに答えよ。

　(1)　右図に示す灯浮標の意味について述べた次

　　の文のうち，正しいものはどれか。

　　(ｱ)　灯浮標の北側に可航水域がある。

　　(ｲ)　灯浮標の東側に可航水域がある。

　　(ｳ)　灯浮標の南側に可航水域がある。

　　(ｴ)　灯浮標の西側に可航水域がある。

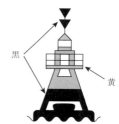

黒

黄

　(2)　次の灯質を説明せよ。

　　(ｱ)　閃　光 _{せん}　　　　　　　　(ｲ)　明暗光

(二)　潮汐に関する次の用語を説明せよ。 _{せき}

　(1)　月潮間隔　　　　　　　　(2)　小　潮

(三)　沿岸航行中，クロス方位法により船位を求める場合，物標の選定に
関する次の問いに答えよ。

　(1)　物標としての浮標は，避けたほうがよいといわれているが，なぜか。

　(2)　物標を２つよりも，３つ選べば，どのような利点があるか。

問題 4　(一)　41°-32′N，178°-49′E の地点から変緯113′N，変経198′E と
なる地点の緯度，経度を求めよ。

(二)　速力15ノットの船が，緯度30°-05′N の地点から真針路180°で航走
すると，何時間で緯度25°-50′N の地に達することができるか。

(三)　コンパス針路345°，速力13ノットで航行中，0900甲灯台を船首右舷
４点に測り，さらに0930同灯台を正横に測った。この間，風や潮流等
の影響はないものとして，次の問いに答えよ。

　(1)　右舷４点に測ったときの甲灯台のコンパス方位は，何度か。

　(2)　甲灯台の正横距離は，何海里か。（計算式も示すこと。）

(四)　沿岸航行中，２物標のトランジットは，コンパス誤差や船位の測定
以外どのようなことに利用することができるか。２つあげよ。

解答 1　(一)　(1)　① 浮室，② 軸針，③ シャドーピン座，④ コンパスカー

　　ド，⑤　磁針

　(2)　①　浮室はコンパスカードを軽くし，軸帽を設けて支点の摩擦を防ぐ。

　　　　②　軸針は軸帽にはまってコンパスカードを支えている。

　　　　⑤　磁針はコンパスカードの南北線が常に磁気子午線と一致してコンパ
　　　　　　スカードを静止させて，その北が磁北を指すようにしている。

（二）　以下から３つ選ぶ。

　　①　送受波器は船底に取り付けられているので，その喫水分だけ調整する
　　　　必要がある。

　　②　測深深度に応じて音波の発射周期を変える必要がある。

　　③　測深線が適切に表示されるよう利得（ゲイン）を調整する。

　　④　表層雑音が多い場合はＳＴＣを適切に使用する。

　　⑤　表示部の輝度を必要以上に上げすぎないようにする。

（三）　解答は(3)

解答 2　（一）　作図手順　海図15

　　　作図より黄岬灯台と北山山頂を結んだ線の真方位は191°である。

　　ジャイロコンパス方位は，真方位より１°小さいことから，誤差は＋１°
　　である。

（二）　(1)　実航磁針路

　　　　①　白埼灯台の真北(真方位000°)８海里の位置を作図,同位置をＯとする。

　　　　①　Ｏから磁針路053°の線上に速力12海里を作図，同位置をＡとする。

　　　　②　Ａから真方位250°，２海里の潮流ベクトルを作図,同位置をＢとする。

　　　　③　ＯとＢを結んだ線の方位が実航磁針路：050°である。

　　　(2)　星岬灯台の正横距離

　　　　　本船は，磁針路053°（操舵針路）のまま実航磁針路050°の航跡上を移
　　　　動することから，原針路である磁針路053°の進路上で浜埼灯台を左正横
　　　　に見る磁針方位線（053°－90°＝323°）を引き，実航磁針路050°のOB
　　　　延長線との交点をＣとする。星埼灯台とＣを結んだ線の距離は7.5海里
　　　　である。

（三）　赤岬灯台から引いた真方位233°の方位線と青岬灯台から引いた真方位
　　328°の方位線の交点が船位であり，同位置の緯度，経度は，30°50.5′N,
　　131°18.5′E である。

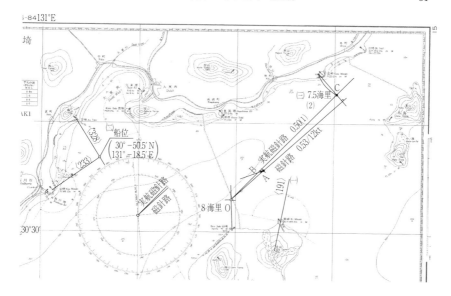

解答 3 ㈠ (1) (ウ) 【参考】この標識は南方位標識である。

　　(2) (ア) 閃光：一定の光度を持つ1分間に50回未満の割合の光を一定の間
　　　　隔で発し，明間又は明間の和が暗間又は暗間の和より短いもの

　　(イ) 明暗光：一定の光度を持つ光を一定の間隔で発し，明間又は明間の
　　　　和が暗間又は暗間の和よりも長いもの

㈡ (1) 月がその地の子午線を通過してから高潮となるまでの時間を高潮間
　　隔，同様に低潮までの時間を低潮間隔といい，両者を総称して月潮間隔
　　という。

　　(2) 地球から見て月と太陽の位置が互いに直角にずれているとき（上弦の
　　月と下弦の月のとき），両天体による起潮力の方向は直角にずれ互いに
　　力を打ち消し，満干潮の潮位差は最も小さくなる。この時期を「小潮」
　　という。

　　　【参考】地球に対して月と太陽が直線上に重なるとき（新月と満月の
　　とき），月と太陽による起潮力の方向が重なるため，1日の満潮と干潮
　　の潮位差が大きくなる。この時期を「大潮」という。大潮と小潮は新月
　　から次の新月までの間にほぼ2回ずつ現れる。

㈢ (1) 浮標は海底にいかりで固定されているため，強風や大波で流され記
　　載位置からずれることがあるため。

(2) 3方位を利用すれば物標の誤認や方位の測り間違いがあったとき，誤差三角形の大きさで間違い，及び方位測定の正確さがわかる。

解 答 4 (一) 出発地（41°32′N，178°49′E）に加除する変緯113′N 及び変経198′E を度数に換算する。

113′N ÷ 60 ＝ 1°53′N′ly　出発地の緯度と同名であり，緯度値に加える。

198′E ÷ 60 ＝ 3°18′E′ly　出発地の経度と同名であり，経度値に加える。

① 到着緯度の算出

$$41°32′N$$
$$+\quad 1°53′N′ly$$
$$\overline{\quad 43°25′N}$$

② 到着経度の算出　　→180°を超えた度数2°07′を西経域（W）に換算する。

$$178°49′E \qquad\qquad 180°00′$$
$$+\quad 3°18′E′ly \qquad -\quad 2°07′W′ly$$
$$\overline{\quad 182°07′} \qquad\quad \overline{177°53′W}$$
$$-\quad 180°$$
$$\overline{\quad 2°07′}$$

答　43°25′N，177°53′W

(二) 速力×時間＝航程であるから，所要時間＝航程÷速力である。

出発緯度　30°05′
到着緯度　25°50′
変緯　　　 4°15′

これを航程に換算すると60×4＋15 ＝ 255海里

255÷15＝17時間　　　　　　　　　　　　　　　　　　答　17時間

(三) 4点方位法の作図

コンパス針路345°で航行中に

① 0900甲灯台を右4点

$\left(\dfrac{90}{8}× 4 ＝45°\right)$ に見た時の方位は030°（345°＋45°＝390°＝030°）

② 0930甲灯台を右正横に見た時の方位は075°

③ 甲灯台から

・0900の〈030°〉の方位線
・0930の〈075°〉の方位線

を作図する。

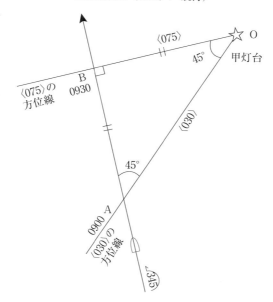

④　任意に345°のコースラインを引き，〈030°〉の方位線との交点を A,
　　〈075°〉の方位線との交点を B とする。
⑤　甲灯台を O とすると，三角形 OAB は，直角二等辺三角形であり，
　　AB＝30分間の航走距離
　　OB＝甲灯台からの正横距離
　　AB＝OB である。
　　　　＝ $13 \times \dfrac{30}{60}$ ＝6.5海里

　　　　　　　　　　　　　　　　答　(1)　030°, (2)　6.5海里

(四)　トランジットの利用（2つ解答）
　・航進目標（船首目標）
　・変針目標
　・避険線
　・操船目標（投びょう，減速または停止など）

2022年10月　定　期

航海に関する科目

（配点　各問100，総計400）

〈2時間30分〉

問題 1　㈠　液体式磁気コンパスの次の(1)～(3)の役目をそれぞれ述べよ。

(1)　コンパス液　　　　(2)　自動調節装置（温度調節装置）

(3)　ジンバル（遊動環）装置

㈡　ジャイロコンパス起動時の取扱いに関して述べた次の(A)と(B)の文について，それぞれの<u>正誤を判断し</u>，下の(1)～(4)のうちからあてはまるものを選べ。

> (A)　ジャイロコンパスは，指度が静定するまで，3～4分かかる。
>
> (B)　ジャイロコンパスの静定を待って，レピータコンパスの指度を，マスタコンパスに合わせる。

(1)　(A)は正しく，(B)は誤っている。　(2)　(A)は誤っていて，(B)は正しい。

(3)　(A)も(B)も正しい。　　　　　　　(4)　(A)も(B)も誤っている。

㈢　航行中，操舵制御装置を自動操舵から手動操舵に切り換えなければならないのは，どのような場合か。3つあげよ。

㈣　電磁ログに関する次の問いに答えよ。

(1)　受感部が汚れたり，微生物が付着した場合，どのような影響があるか。

(2)　(1)の影響を防ぐにはどのようにすればよいか。

問題 2　試験用海図 No.16　（⊕は，40°N，140°E で，この海図に引かれている緯度線，経度線の間隔はそれぞれ10′ である。）を使用して，次の問いに答えよ。

㈠　A丸（速力13ノット）は，39°-58′N，140°-14′E の地点から磁針路330° で航行した。この海域には流向120°（真方位），流速2ノットの海流があるものとして，次の(1)～(3)を求めよ。

(1)　実航磁針路

(2)　実速力

(3)　犬埼灯台の正横距離

㈡　B丸は，夏島の北方海域を航行中，上埼灯台及び鳥埼灯台のジャイ

ロコンパス方位をほとんど同時に測り，それぞれ198°，266°を得た。このときの船位（緯度，経度）を求めよ。ただし，ジャイロ誤差はない。

問題 3 （一） 航路標識に関する次の問いに答えよ。

(1) 右図に示す灯浮標の意味について述べた次の
文のうち，正しいものはどれか。

(ア) 灯浮標の北側に可航水域がある。

(イ) 灯浮標の東側に可航水域がある。

(ウ) 灯浮標の南側に可航水域がある。

(エ) 灯浮標の西側に可航水域がある。

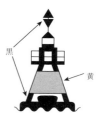

黒

黄

(2) 灯浮標を利用する場合，どのようなことに注意しなければならないか。2つあげよ。

（二） 次の(1)及び(2)は，潮汐に関する用語である。それぞれ，何について述べたものか。

(1) 日本における潮高の基準面

(2) 標準港の当日の潮高に掛ける数値で，標準港以外の潮高の概値を求めるための改正数

（三） 重視目標の選定にはどのような注意が必要か。3つあげよ。

問題 4 （一） 甲丸は1025にA地点を発し，284海里離れたB地点に翌日の0755に到着した。甲丸がこの間を直行したものとすると，その平均速力は何ノットか。

（二） 乙丸は，4°-32′S，176°-30′E の地点から 3°-08′N，175°-55′W の地点まで航走した。次の(1)及び(2)を求めよ。

(1) 変　緯（緯　差）　　　　　(2) 変　経（経　差）

（三） ジャイロコース135°，速力15ノットで航行中，船首倍角法で船位を決定するため，0924甲灯台をジャイロコンパス方位171°に測った。この海域には，風や海流等の影響はないものとして，次の問いに答えよ。（計算式も示すこと。）

(1) 2回目の方位測定は，甲灯台のジャイロコンパス方位が何度になったときに行えばよいか。

(2) (1)の方位測定時刻は0954であった。このときの船位は甲灯台から何度，何海里か。

（四） レーダーにより船位を測定する場合，物標の方位の測定について注意しなければならない事項を2つあげよ。

解答 1 ㈠ （1） 船体の振動が伝わるのを防ぎ，コンパスカードを安定させる。

（2） 温度変化により液の膨張，収縮が起きてもバウルが破損したり上室に気泡が生じるのを防ぐ。

（3） コンパスバウルを水平に保持する。

㈡ （2）

㈢ （3つ解答）

・狭水道航行時

・入出港時

・輻輳海域航行時

・暗礁や浅瀬のある海域航行時

・変針地点付近航行時

・視界不良時

㈣ （1） 正確な船速が計測されなくなる。

（2） 停泊中やドックを利用して受感部を定期的に清掃する。

解答 2 ㈠ 作図手順　海図16

（1） 実航磁針路，（2） 実速力

①　（39°58′N，140°14′E）の位置を作図，同位置をOとする。

②　Oから磁針路330°の線上に速力13海里を作図，同位置をAとする。

③　Aから真方位120°，2海里の潮流ベクトルを作図，同位置をBとする。

④　OとBを結んだ線の方位が実航磁針路：334°である。

　　OとBを結んだ線の航程が実速力：11ノットである。

（3） 犬埼灯台の正横距離

　　本船は，磁針路330°（操舵針路）のまま実航磁針路334°の航跡上を移動することから，原針路である磁針路330°の進路上で犬埼灯台を右正横に見る磁針方位線（330°＋90°＝060°）を引き，実航磁針路334°のOB延長線との交点をCとする。犬埼灯台とCを結んだ線の距離は3.8海里である。

㈡　上埼灯台から引いた真方位198°の方位線と鳥埼灯台から引いた真方位266°の方位線の交点が船位であり，同位置の緯度，経度は，40°19.6′N，139°52.6′Eである。

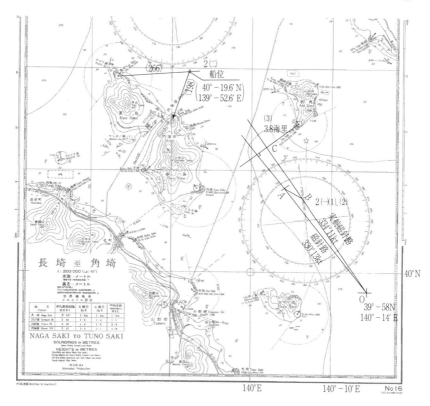

解答 3　㈠　(1)　(イ)　【参考】この標識は東方位標識である。

　(2)　（2つ解答）

　　　・実際の位置と海図記載の位置とが一致していないことがある。（灯浮
　　　　標の位置は沈錘の位置で示しているが，灯浮標と沈錘とを連結してい
　　　　るチェーンは潮流や波浪などを考慮して水深以上に長くしているた
　　　　め，その旋回半径で振れ回るため。）

　　　・波浪のため浮標が動揺し，灯質が正しく見えないことがある。

　　　・波浪や船舶の接触事故などで，消灯，位置の移動，流失等の事故が発
　　　　生することがある。

　㈡　(1)　最低水面

　　(2)　潮高比

㈢　・2体1組の重視目標のうち，手前の目標物が自船に著しく近い場合，

精度が劣る場合があることに留意する

・2体1組の重視目標の高さなどが同程度の場合，前後の区別が難しくなることに注意する

・自然物（山頂や断崖等）を利用する場合は傾斜等が緩やかではなく顕著なものを選定する

・海図上の位置が確かなもので視認しやすいものを選定する

・遠方にあるため判別が難しい場合，近距離に位置するものを選定する

解答 4　（一）　前日の所要時間：24時00分 － （10時25分）＝ 13時35分

当日の所要時間：07時55分

航走時間の合計：21時30分（21.5時間）

平均速力：284 ÷ 21.5 ＝ 13.209　　　　　　　　　**答**　13.2ノット

（二）　(1)　変緯

2地点が赤道を挟んで異名であるため，変緯は出発緯度に到着緯度を加える。

　　　　4°32′S　　出発緯度
　＋　　3°08′N　　到着緯度
　　　　7°40′N'ly　北上

(2)　変経

180°までの東経での変経と180°を超え西経での変経を合計する。

① 東経での変経	② 西経での変経	③ 合計
180°00′	180°00′	3°30′
－ 176°30′E	－ 175°55′W	＋ 4°05′
3°30	4°05′	7°35′E'ly 東偏

（三）　船首倍角法の作図

① 甲灯台を171°に見る方位線を引き，135°のコースラインとの交点をAとする。このときコースラインと171°の方位線の交角は36°である。（171°－135°＝36°）

② 甲灯台から171°の方位線と36°で交差する方位線を引く。171°＋36°＝207°となるから，甲灯台を207°に見る方位線を引き，コースラインとの交点をBとする。

③ ΔOABは二等辺三角形であり，

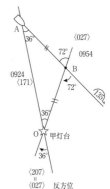

　　AB ＝ 0924〜0954，30分間の航走距離

　　OB ＝ 2回目の方位測定時の距離

　　AB ＝ OB であり，

$$= 15 \times \frac{30}{60} = 7.5海里$$

答　（1）　207°　　　（2）　027°，7.5海里

㈣　物標の距離を測定する場合，以下に注意する。以下から2つ解答。

　・可変距離カーソルの外側が，物標の内側に接するように測定する。

　・映像がスコープの外周付近にくるように（拡大されるように），測定レンジを調整する。

　・物標について，砂浜など緩やかな海岸はその反射が弱く正確な反射波を得るのは難しいので，崖など反射し易い物標を選ぶ。

　・なるべく近距離の物標を利用する。

2023年 2月　定　期

航海に関する科目

(配点　各問100，総計400)

〟〟〟〟〟〟〟〟〟〟〟〟〟〟〟〟〟〟〟〟〟〈2 時間 30 分〉〟〟〟〟〟〟〟〟

問題 1　㈠　右図は，液体式磁気コンパスの構造を示す断面図である。
次の問いに答えよ。

(1)　図中の①〜⑤の名称を記せ。

(2)　図中の①，②及び④は，それぞれ
どのような役目をするか。

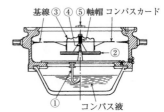

㈡　ジャイロコンパスを使用して航行中
は，一般にどのような注意が必要か。
2 つあげよ。

㈢　船舶自動識別装置（AIS）に関して
述べた次の(A)と(B)の文について，それぞれの正誤を判断し，下の(1)〜
(4)のうちからあてはまるものを選べ。

> (A)　レーダーに表示される AIS 情報は，海面反射除去（STC）調
> 整を強くかけると映らなくなる。
>
> (B)　情報の更新時間が短く，他船の進路・速力等の変化を認識し
> やすい。

(1)　(A)は正しく，(B)は誤っている。　(2)　(A)は誤っていて，(B)は正しい。

(3)　(A)も(B)も正しい。　　　　　　　(4)　(A)も(B)も誤っている。

問題 2　試験用海図 No.15（⊕は，30°N，142°E で，この海図に引かれ
ている緯度線，経度線の間隔はそれぞれ30′ である。）を使用して，次
の問いに答えよ。

㈠　A 丸は，牛島水道を航行中，丙埼灯台と栗山山頂（291）とが一線
になったとき，そのジャイロコンパス方位を259°に測定した。ジャ
イロ誤差を求めよ。

㈡　B 丸（速力14ノット）は，0900黒埼灯台から真方位190°，距離 7 海
里の地点を発し，磁針路101°で航行した。この海域には流向055°（真
方位），流速 2 ノットの海流があるものとして，次の(1)〜(3)を求めよ。

(1)　実航磁針路及び実速力

(2) 浜埼灯台の正横距離

(3) 1200の予想位置（緯度，経度）

問題 3 (一) 航路標識に関する次の問いに答えよ。

(1) 右図に示す灯浮標の意味について述べた次
の文のうち，正しいものはどれか。

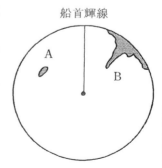

黒

赤

(ア) 灯浮標の北側に可航水域があること。

(イ) 灯浮標の位置又はその付近に岩礁・浅
瀬・沈船等の障害物が孤立していること。

(ウ) 灯浮標の位置が航路の中央であること。

(エ) 灯浮標の位置が工事区域等の特別な区域の境界であること。

(2) 照射灯は，どのような航路標識か。

(二) 潮汐に関する次の用語を説明せよ。

(1) 潮高比 (2) 大 潮

(三) 3物標を用いて，クロス方位法により船位を求めるため，海図上に
3本の方位線を記入したが，1点で交わらずに三角形ができた。この
場合について，次の問いに答えよ。

(1) 1点で交わらない理由としては，どのようなことが考えられるか。
2つあげよ。

(2) この場合，どのようにして船位を決定すればよいか。

問題 4 (一) 甲丸は，距離112.2海里の2地点間を8時間15分で航走し
た。甲丸がこの間を直行したものとすると，その平均速力は何ノットか。

(二) 速力13ノットの船が，経度177°E の赤道上の地点を発し，真針路
090°で17時間航走し，それから真針路000°で13時間航走した。到着
地の緯度，経度を求めよ。

(三) 右図は，霧中，レーダー表示面上に現
れたA島とB岬の映像を示す。この場合，
これらの物標映像を利用して船位を求め
る方法を3つあげよ。

船首輝線

A

B

(四) 狭水道の通航計画を立てる場合，その
航行水域のどのような事項について，あ
らかじめ調査しなければならないか。5
つあげよ。

解答 1　（一）　(1)　① 導管, ② 磁針, ③ 浮室, ④ 軸針, ⑤ シャドーピン座
　　(2)　① 導管は上室と下室を連結することにより，上室のコンパス液が膨
　　　　　張や収縮を下室の空気部で吸収させ，バウルが破損したり上室に気泡
　　　　　が生じたりするのを防いでいる。
　　　　② 磁針はコンパスカードの南北線が常に磁気子午線と一致してコンパ
　　　　　スカードを静止させて，その北が磁北を指すようにしている。
　　　　④ 軸針は軸帽にはまってコンパスカードを支えている。
　（二）　ジャイロコンパスを使用して航行する場合の注意は以下の通りである
　　　（2択）。
　　・マスターコンパスの示度とレピータコンパスの示度を照合し，整合させ
　　　る。
　　・磁気コンパスの示度と照合して，コンパス誤差の変化を調べる。
　　・機会あるごとにジャイロエラーを測定する。
　　・（自動調整でない場合）緯度や速度が変わったら，速度誤差修正値を修
　　　正する。
　（三）　(2)

解答 2　（一）　作図より丙埼灯台と栗山山頂を結んだ線の真方位は257° であ
　る。ジャイロコンパス方位は，真方位より 2 °大きいことから，誤差は− 2 °
　である。
　（二）　作図手順　海図15
　　(1)　実航磁針路と実速力
　　　① 黒埼灯台から190°， 7 海里の位置を作図，同位置をOとする。
　　　② Oから磁針路101° の線上に速力14海里を作図，同位置をAとする。
　　　　Aから真方位055°， 2 海里の潮流ベクトルを作図，同位置をBとする。
　　　③ OとBを結んだ線の方位が実航磁針路：097° である。
　　　　OとBを結んだ線の航程が実速力　　　：15.5ノットである。
　　(2)　黄岬灯台の正横距離
　　　　本船は，磁針路101°（操舵針路）のまま実航磁針路097° の航跡上を移
　　　動することから，原針路である磁針路101° の進路上で黄岬灯台を左正
　　　横に見る磁針方位線（101° − 90° = 011°）を引き，実航磁針路101° の航
　　　跡である OB 延長線との交点をCとする。黄岬灯台とCを結んだ線の
　　　距離は6.0海里である。
　　(3)　1200の予想位置

　　(1)より実速力15.5ノットでの0900から1200までの３時間の航走距離
　は，15.5×3＝46.5海里であり，実航磁針路であるＯＢを結んだ線上にお
　いて，Ｏから46.5海里の位置が1200の予想位置である。
　　　同位置は，30°55.0′N，143°19.0′E

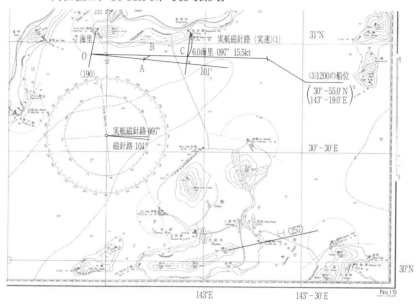

解　答 3　(一)　(1)　(イ)　【参考】この標識は孤立障害標識である。
　(2)　険礁，防波堤先端などの特定物またはその付近だけを照射するために
　　設けられたもの。
(二)　(1)　標準港の潮高に対するその地の潮高の割合で，標準港の潮高に乗じ
　　て，その地の潮高を求めるための改正数をいう。
　(2)　地球に対して月と太陽が直線上に重なるとき（新月と満月のとき），
　　月と太陽による起潮力の方向が重なるため，１日の満潮と干潮の潮位差
　　が大きくなる。この時期を「大潮」という。
　　【参考】月と太陽が互いに直角方向にずれているとき（上弦の月と下弦
　　の月のとき），両天体による起潮力の方向は直角にずれて互いに力を打
　　ち消し，満干潮の潮位差は最も小さくなる。この時期を「小潮」という。
　　大潮と小潮は新月から次の新月までの間にほぼ２回ずつ現れる。
(三)　(1)　１点に交わらない理由は次のとおりである。以下から２つ解答。

　　・コンパスに誤差がある場合

　　・方位測定の 1 本以上に測定誤差がある場合

　　・方位測定のとき，測定間に時間差があり過ぎる場合

　　・物標を誤認している場合

　　・測定は正しいが，作図が誤っている場合

(2)　次のように船位を決定する。

　　誤差の三角形が小さい場合には，三角形の重心を船位とする。

　　誤差の三角形が大きい場合には，再度測定する。

　　再度測定しても誤差の三角形が大きい場合には，

　　・コンパスに誤差がある可能性があるので，各位置の線から定誤差を差
　　　し引いて作図し直す。

　　・物標を取り間違えている可能性があるので，物標を確認する。

　　再度測定する時間がない場合には，

　　・その三角形の最も危険な位置（例えば，陸等に最も近くなる位置）を
　　　船位とする。

解 答 4　㈠　速力×時間＝航程であるから，平均速力＝航程÷所要時間で
ある。

　　所要時間 8 時間15分は8.25時間であるから，

　　112.2海里÷8.25時間＝13.6ノット　　　　　　　　　　　**答**　13.6ノット

㈡　①　針路90°，速力13kt で17時間航走したときの変経の算出

　　　13×17＝221海里であり，度数に換算すると221÷60＝ 3°41′である。

　　　177°E から東に 3 °進み，180°を超えると西経になることから， 3 °
　　　41′から 3°を引いた41′を西経値に換算すると180°－ 0°41′＝179°19′W
　　　が到着地の経度となる。

　　②　針路 0 度，速力13kt で13時間航走したときの変緯の算出

　　　13×13＝169海里であり，度数に換算すると169÷60＝ 2°49′である。

　　　 2°49′ N が到着地の緯度となる。

　　　　　　　　　　　　答　到着地の緯度，経度　 2°49′N，179°19′W

㈢　①　A 島と B 岬の鋭端のレーダー距離による。

　　②　A 島の鋭端のレーダー距離と方位による。

　　③　A 島と B 岬の鋭端のレーダー方位による。

㈣　（ 5 つ解答）

　　・特定航法の有無

・航路標識
・航進及び変針目標
・地形の状態及び障害物の有無
・水深の状況
・障害物や浅瀬に対する避険線の設定
・船舶交通の量，漁船の有無
・航行予定時の昼夜の別
・気象及び海象

2023年 4月 定期

航海に関する科目

（配点 各問100，総計400）

〈2時間30分〉

問題1 （一） 右図は，甲丸の磁気コンパ
スの自差曲線である。この曲線を用い
て次の問いに答えよ。

(1) 甲丸はコンパス針路045°で航行
中，灯台のコンパス方位を102°に
測った。この灯台の磁針方位は何度
か。

(2) 偏差 7°W の海域において，コン
パス方位と真方位が一致するのは船
首方位がおおよそ何度のときか。次
のうちから選べ。

(ア) 000°　　(イ) 090°
(ウ) 180°　　(エ) 270°

自 差 曲 線

W'ly(−)				E'ly(+)			
8°	6°	4°	2°	0°	2°	4°	6°	8°

N
NE
E
SE
S
SW
W
NW
N

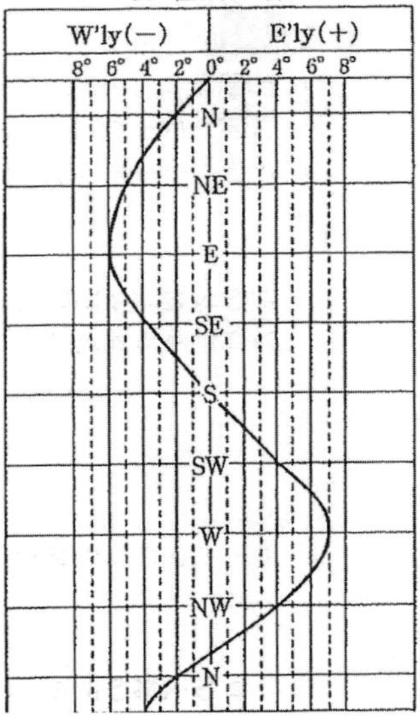

（二） ジャイロコンパスは磁気コンパスと
比べ，どのような利点があるか。2つ
述べよ。

（三） 音響測深機では，感度（感度調整）を上げすぎると，表示面（記録
紙）はどのようになるか。

（四） 航行中，操舵制御装置をノンフォローアップ操舵（レバー操舵）に
切り替えて使用するのは，どのような場合か。

問題2 試験用海図 No.16 （⊕は，40°N，141°E で，この海図に引かれ
ている緯度線，経度線の間隔はそれぞれ10′である。）を使用して，次
の問いに答えよ。

（一） A 丸は，馬埼南東海域を航行中，馬埼灯台と三角山山頂（720）と
が一線になったとき，そのジャイロコンパス方位を323°に測定した。
ジャイロ誤差を求めよ。

（二） B 丸（速力13ノット）は，沖ノ島灯台の真西2海里の地点から磁針
路012°で航行した。この海域には流向325°（真方位），流速2ノット

　　の海流があるものとして，次の(1)及び(2)を求めよ。
　　(1)　実航磁針路
　　(2)　馬埼灯台の正横距離
　㊂　C 丸は，夏島の北方海域を航行中，鳥埼灯台及び前島灯台のジャイ
　　ロコンパス方位をほとんど同時に測り，それぞれ218°，303° を得た。
　　このときの船位（緯度，経度）を求めよ。ただし，ジャイロ誤差はない。

　問題 3　㊀　航路標識に関する次の問いに答えよ。
　　(1)　右図に示す灯浮標の意味について述べた次
　　　の文のうち，正しいものはどれか。

　　　㋑　灯浮標の北側に可航水域がある。
　　　㋑　灯浮標の東側に可航水域がある。
　　　㋩　灯浮標の南側に可航水域がある。
　　　㊁　灯浮標の西側に可航水域がある。
　　(2)　レーダー反射器とはどのようなものか。
　㊁　次の(1)及び(2)は，潮汐に関する説明である。それぞれ，何について
　　述べたものか。
　　(1)　標準港の当日の潮時に加減して，標準港以外の潮時を求めるため
　　　の改正数
　　(2)　月がその地の子午線に正中してから，その地が高潮になるまでの
　　　時間
　㊂　沿岸航行中，クロス方位法により船位を求める場合，各物標の方位
　　測定に要する時間は短いほうがよいといわれるが，なぜか。

　問題 4　㊀　甲丸は，1845にD地点を発し，238海里離れたE地点に翌
　　日の1200に到着する計画である。甲丸は，この間を直行する場合，何
　　ノットの平均速力で航行すればよいか。
　㊁　速力15ノットの船が，経度177°-35′W の赤道上の地点から真針路
　　270° で23時間航走した。到着地の経度を求めよ。
　㊂　方位線の転位による船位測定法（ランニングフィックス又は両測方
　　位法）を，図示して説明せよ。また，この方法によって船位を求める
　　場合に注意しなければならない事項を述べよ。
　㊃　潮汐の影響の強い水域の航海計画を立てるにあたり，潮高について
　　あらかじめ，どのようなことを考慮しておかなければならないか。

解答 1 　㈠　⑴　自差曲線より針路045°の自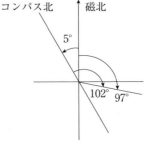
差は5°W'ly（西）である。コンパス北は磁
北の西に5°ずれている。灯台の磁針方位は，
　　102° − 5° = 97°　　　　　　　　答　97°

　　⑵　㈎　コンパス方位と真方位が一致するた
めには，偏差7°W'ly に対し，自差7°E'ly で
あればよい。自差曲線から7°E'ly となるの
は270°

㈡　ジャイロコンパスは磁気コンパスと比べ，以下の利点がある（2択）。

・ジャイロコンパスは真北を指すので，方位測定や針路の設定に自差や偏
差を加減する必要がない。

・ジャイロコンパスのマスターコンパスの方位信号を，電気信号として多
数のレピータコンパスや航海計器に送信することができる。

・レピータコンパスは必要な場所にどのような姿勢でも設置できる。

・ジャイロコンパスは指北力が強いので，船体の振動や動揺で示度が乱れ
ることがなく，高緯度でも使用できる。

㈢　雑音を海底からの反射波として捉え，それを表示するため記録紙は真っ
黒くなる。

㈣　ノンフォローアップ操舵は通常操舵ができなくなった場合に実施する応
急操舵である。

　　ノンフォローアップ操舵レバーによる信号は直接動作部を動かすことが
でき，レバーを左右に倒している間だけ，その方向に操舵機を動かす。

解答 2 　㈠　作図手順　海図16

作図より馬埼灯台と三角山山頂を結んだ線の真方位は320°である。

ジャイロコンパス方位は，真方位より 3 °大きいことから，誤差は−3°
である。

㈡　実航磁針路

　　① 沖ノ島灯台の真西（真方位270°）2 海里の位置を作図，同位置をO
とする。

　　② Oから磁針路012°の線上に速力13海里を作図，同位置をAとする。

　　③ Aから真方位325°，2 海里の潮流ベクトルを作図，同位置をBとする。

　　④ OとBを結んだ線の方位が実航磁針路：008°である。

　　⑵　馬埼灯台の正横距離

　　本船は，磁針路012°（操舵針路）のまま実航磁針路008°の航跡上を移動することから，原針路である磁針路012°の進路上で馬埼灯台を左正横に見る磁針方位線（012°－90°＝282°）を引き，実航磁針路008°のOB延長線との交点をCとする。馬埼灯台とCを結んだ線の距離は4.4海里である。

㈢　鳥埼灯台から引いた真方位218°の方位線と前島灯台から引いた真方位303°の方位線の交点が船位であり，同位置の緯度，経度は，40°24.0′N，140°48.6′E である。

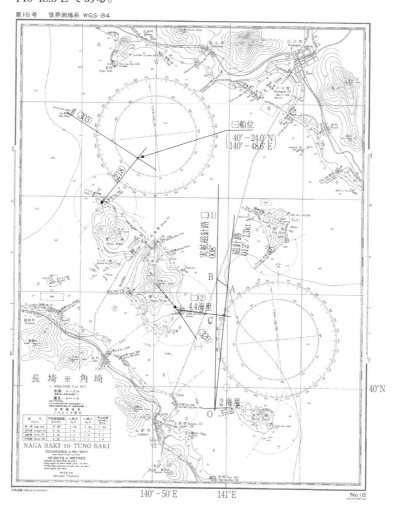

第16号　世界測地系 WGS-84

解答 3 ㈠ (1) (エ)　【参考】この標識は西方位標識である。

(2)　レーダー反射器とは船舶のレーダー映像面上における航路標識などの位置の映像を鮮明にするため，電波の反射効果を良くする装置で，航路標識などに付設されている。

㈡ (1)　潮時差　(2)　高潮間隔

㈢　船は航走しているため，測定間隔が長くなると異なる船位から方位を測定していることになる。なるべく測定間隔を短くしほぼ同じ船位から測定することにより，船位測定誤差を小さくすることができる。

解答 4 ㈠　前日の所要時間：24時00分 − 18時45分 ＝ 5時15分

当日の所要時間：12時 0 分

航走時間の合計：17時15分（17.25時間）

平均速力：238÷17.25＝13.797ノット　　　　　　　　　**答　13.8ノット**

㈡　針路270°，速力15ノットで23時間航走したときの変経の算出

15 × 23 ＝ 345海里であり，度数に換算すると345 ÷ 60 ＝ 5 °45′である。

177°35′W から西に進み，180°を超えると東経になる。

到着経度の算出

$$
\begin{array}{r}
177°35′\text{W} \\
+ \quad 5°45′\text{W'ly} \\
\hline
183°20′
\end{array}
\qquad
\begin{array}{r}
180°00′ \\
- \quad 3°20′\text{E'ly} \\
\hline
176°40′\text{E}
\end{array}
$$

180°を超えた度数 3 °20′を東経域（E）に換算する。

　　　　　　　　　　　　　　　　　　　　　　　　答　176°40′E

㈢　ランニングフィックスとは，同時に 2 本以上の位置の線が得られない場合に，得た 1 本の位置の線を転移して船位を求める方法をいう。

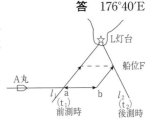

両測方位法とは，一定針路，速力で航行中の船舶Aが，①L灯台の方位を l_1 に見た時刻を t_1 とし，L灯台の方位を l_2 に見た時刻を t_2 とする。②前測時 t_1 と後測時 t_2 の間に航走した船舶 A の航程は $\overrightarrow{ab}$ である。③ l_1 上の任意の所に $\overrightarrow{ab}$ を作図し，そのまま l_1 上を陸岸寄りに平行移動すると，l_2 と交差する。この交差した点 F が船位である。

注意事項

① 針路，速力を保持する。

② 2 つの方位線の交角は30°より大きくする。

③ 近い物標を利用する。

④ 前測と後測の時間は短くする。

⑤ 転位誤差があり，船位を過信しない。風潮流の影響のある海域では注意する。

(四)　・潮汐表により，通過予定時の潮高変化を確認する。

　　・波浪や高潮等の異常潮位に伴う上記の予測潮高に対する偏差を考慮する。

　　・潮高影響が強い海域では，一般的に潮流影響が強く，この予測を行う。

　　・特に低潮高時に航行する場合は,海底地形変化や暗岩の存在に注意する。

　　・橋の下を通過する場合は，エアドラフトの関係に注意する。

2023年 7月　定期

航海に関する科目

（配点　各問100，総計400）

〈2時間30分〉

問題1　㈠　液体式磁気コンパスに関する次の問いに答えよ。

(1)　偏差8°W，コンパスに自差3°E の場合，真北，磁北及びコンパスの北の関係を図示せよ。

(2)　コンパス液を補充しなければならないのは，どのような場合か。

㈡　電磁ログに関する次の問いに答えよ。

(1)　受感部が汚れたり，微生物が付着した場合，どのような影響があるか。

(2)　(1)の影響を防ぐにはどのようにすればよいか。

㈢　音響測深機では，海面から海底までの水深を測定するためには，どのような調整をする必要があるか。

㈣　GPS航法装置から得ることができる自船に関する情報として誤っているのは，次のうちどれか。

(1)　船位を示す緯度及び経度　　　(2)　対水速力

(3)　対地針路　　　(4)　入力された目的地までの距離

問題2　試験用海図 No.15（⊕は，30°N，131°E で，この海図に引かれている緯度線，経度線の間隔はそれぞれ30′ である。）を使用して，次の問いに答えよ。

㈠　A丸（速力15ノット）は，0900馬島灯台の真北10海里の地点を発し，磁針路240° で航行した。この海域には流向280°（真方位），流速2ノットの海流があるものとして，次の(1)〜(3)を求めよ。

(1)　実航磁針路

(2)　実速力

(3)　1200の予想位置（緯度，経度）

㈡　B丸は，牛島北方海域を航行中，緑埼灯台のジャイロコンパス方位を目視により216° に測ると同時に，レーダーにより緑埼の北端を距離11.5海里に測定した。B丸の船位（緯度，経度）を求めよ。ただし，ジャイロ誤差はない。

問題 3 　(一)　航路標識に関する次の問いに答えよ。

(1)　右図に示す灯浮標の意味について述べた次の文
　　のうち，正しいものはどれか。

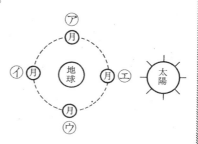
白　　　赤

(ア)　灯浮標の位置又はその付近に海洋観測施設が
　　あること。

(イ)　灯浮標の北側に岩礁・浅瀬・沈船等の障害物
　　があること。

(ウ)　灯浮標の右側に優先航路があること。

(エ)　灯浮標の位置が航路の中央であること。

(2)　次の(ア)及び(イ)は，航路標識の解説文である。それぞれ何という航
　　路標識について述べたものか。名称を記せ。

(ア)　船舶のレーダー映像面上に送信局の位置を輝線又はモールス符
　　　号で示すため，船舶のレーダーから発射された電波に応答して，
　　　無指向性電波（3cmマイクロ波）を発射する施設をいう。

(イ)　通航困難な水道，狭い湾口などの航路を示すために，航路の延
　　　長線上の陸地に設置した2基を一対とする施設で，灯光を発する
　　　ものをいう。

(二)　潮汐に関する次の問いに答えよ。

(1)　潮汐表で，潮高が（－）20cm
　　になっているのは，どのような
　　潮高を示すか。

(2)　右図は太陽，地球及び月〔(ア)，
　　(イ)，(ウ)，(エ)〕の関係位置を示す。
　　大潮となる場合の月の位置を，
　　図の(ア)～(エ)のうちから選び，記
　　号で答えよ。

(三)　沿岸航行中，クロス方位法により船位を求める場合，物標は2個よ
　　りも3個選ぶほうがよいといわれるが，なぜか。

問題 4 　(一)　甲丸は1015にA地点を発し，271海里離れたB地点に翌日
　　の0745に到着した。甲丸がこの間を直行したものとすると，その平均
　　速力は何ノットか。

(二)　20°-30′N，151°-30′Eの地点から変緯286′S，変経223′Wとなる地
　　点の緯度，経度を求めよ。

(三)　1つの物標を利用して，船位を測定する方法を2つあげ，その概略

を説明せよ。

(四)　狭水道は通常どのような時機に通航するのがよいか。 2つあげよ。

解 答 1 (一) (1)

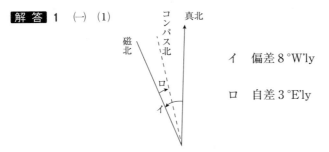

イ　偏差 8°W'ly

ロ　自差 3°E'ly

(2)　コンパスバウルの上室に気泡が発生した場合。

(二) (1)　正確な船速が計測されなくなる。

(2)　停泊中やドックを利用して受感部を定期的に清掃する。

(三)　・送受波器が船底に取り付けられているので，その喫水分を調整する。

　　　・測深線が適切に表示されるよう利得を調整する。

　　　・発射周波数，パルス幅を測定水深に適したものにする。

(四)　解答は(2)

解 答 2 (一) 作図手順　海図15

(1)　実航磁針路, (2)　実速力

　① 馬島灯台から真北（真方位000°）10海里の位置を作図，同位置をO とする。

　② Oから磁針路240°の線上に速力15海里を作図，同位置をAとする。

　③ Aから真方位280°, 2海里の潮流ベクトルを作図,同位置をBとする。

　④ OとBを結んだ線の方位が実航磁針路：244°である。

　　OとBを結んだ線の航程が実速力　　：16.5ノットである。

(3)　1200の予想位置

　　(1)より実速力16.5ノットでの0900から1200までの3時間の航走距離 は，16.5×3＝49.5海里であり，実航磁針路であるOBを結んだ線上にお いて，Oから49.5海里の位置が1200の予想位置である。

　　同位置は，30°46.0′N，131°58.0′E

(二)　緑埼灯台から引いた216°の方位線と緑埼北端から引いた距離11.5海里の

円弧の交点が船位であり，同位置の緯度・経度は，30°14.5′N，132°47.5′E
となる。

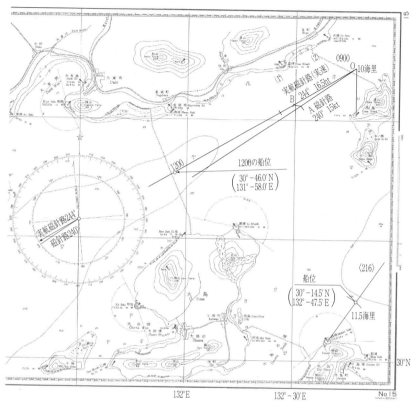

解答 3 ㈠ (1) (エ) 【参考】この標識は安全水域標識である。

　　(2) (ア) レーダービーコン（レーコン）　　(イ) 指向灯

㈡ (1) 最低水面よりも潮高が20cm 低くなることを示している。これは，
　　海図に記載されている水深よりも20cm 浅くなることを示す。

　(2) 月と太陽の引力の合力が最も大きくなるときに大潮となる。したがっ
　　て，太陽と月が一直線に並んだときである。　　　　　　　答　イ，エ

㈢ 3物標の方位を利用すれば，それらの方位線に誤差がある場合（例えば，
物標の誤認，方位の測定誤差，海図へ記入誤り）には誤差三角形ができ，
方位線に誤差があることが判定できる。2物標であると，方位線が正確で

あるかどうか判定できない。

解答 4　㈠　前日の所要時間：24時00分 − 10時15分 =13時45分

当日の所要時間： 7 時45分

航走時間の合計：21時30分（21.5時間）

平均速力：271 ÷ 21.5 = 12.6046　　　　　　　　　　　　　**答　12.6ノット**

㈡　出発地（20°30′N，151°30′E）に加除する変緯286′S 及び変経223′W を度数に換算する。

　　286′S ÷ 60 = 4 °46′S'ly　出発地の緯度と異名であり，緯度値から引く。

　　223′W ÷ 60 = 3 °43′W'ly　出発地の経度と異名であり，経度値から引く。

①　到着緯度の算出　　　　②　到着経度の算出

　　 20°30′N　　　　　　　　 151°30′E

　 − 　4°46′S'ly　　　　　 − 　3°43′W'ly

　　 15°44′N　　　　　　　　 147°47′E

答　15°44′N，147°47′E

㈢　①　方位と距離を利用する方法：コンパスによる物標の方位線とレーダーによる物標の陸岸からの距離を組み合わせて船位を求める。

②　両測方位法：一定針路，速力で航行中の船舶Aが，①L灯台の方位を l_1 に見た時刻を t_1 とし，L灯台の方位を l_2 に見た時刻を t_2 とする。②前測時 t_1 と後測時 t_2 の間に航走した船舶 A の航程は $\overrightarrow{ab}$ である。③ l_1 上の任意の所に $\overrightarrow{ab}$ を作図し，そのまま l_1 上を陸岸寄りに平行移動すると，l_2 と交差する。この交差した点 F が船位である。

㈣　（ 2 つ解答）

・昼間の視界の良いとき。

・潮流の強い水道では，潮流が弱く，できるだけ逆潮のとき。

・漁船や他船舶が少ないとき。

2023年10月　定期

航海に関する科目

（配点　各問100，総計400）

〈2時間30分〉

問題 1　㈠　液体式磁気コンパスの次の(1)～(4)は，それぞれどのような役目をするものか。下の枠内の(ア)～(カ)のうちから選び，記号で答えよ。

〔解答例：(5)―(キ)〕

(1)　コンパス液　　(2)　磁針　　(3)　浮室

(4)　ジンバル（遊動環）装置

> (ア)　コンパスカードの北を磁北の方へ向かせる。
> (イ)　コンパスカードを軽くし，軸帽を設けて支店の摩擦を防ぐ。
> (ウ)　コンパスバウルを水平に保持する。
> (エ)　シャドーピンを立てる座金である。
> (オ)　船体の振動が伝わるのを防ぎ，コンパスカードを安定させる。
> (カ)　コンパスカードを支える。

㈡　航行中，操舵制御装置を自動操舵から手動操舵に切り換えなければならないのは，どのような場合か。3つあげよ。

㈢　音響測深機では，水深が浅いときに，濃いはっきりした線で2回反射線，3回反射線が現れることがあるが，これは一般にどのような底質の場合か。

㈣　船舶自動識別装置（AIS）が取得できる他船の具体的な情報には，どのようなものがあるか。3つあげよ。

問題 2　試験用海図 No.16（⊕は，40°N，139°E で，この海図に引かれている緯度線，経度線の間隔はそれぞれ10′である。）を使用して，次の問いに答えよ。

㈠　A丸は，春島北方海域を航行中，上埼灯台と三角山中腹の航空灯台（Aero）とが一線になったとき，そのジャイロコンパス方位を187°に測定した。ジャイロ誤差を求めよ。

㈡　B丸（速力12ノット）は，鶴岬灯台の真北3海里の地点から磁針路290°で航行した。この海域には流向130°（真方位），流速2ノットの海流があるものとして，次の(1)及び(2)を求めよ。

　　(1)　実航磁針路

　　(2)　鳥埼灯台の正横距離

　㊂　C丸は，冬島の北方海域を航行中，沖ノ島灯台及び馬埼灯台のジャイロコンパス方位をほとんど同時に測り，それぞれ186°，293°を得た。このときの船位（緯度，経度）を求めよ。ただし，ジャイロ誤差はない。

問題3　㊀　航路標識に関する次の問いに答えよ。

　　(1)　右図に示す灯浮標の意味について述べた次の文のうち，正しいものはどれか。

　　　㋑　灯浮標の位置が航路の中央であること。

　　　㋑　灯浮標の北側に可航水域があること。

　　　㋦　灯浮標の位置が工事区域等の特別な区域の境界であること。

　　　㋩　灯浮標の位置又はその付近に岩礁，浅瀬，沈船等の障害物が孤立していること。

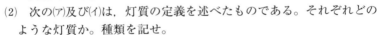

黄

　　(2)　次の㋐及び㋑は，灯質の定義を述べたものである。それぞれどのような灯質か。種類を記せ。

　　　㋐　一定の光度を持つ光を一定の間隔で発し，明間と暗間の長さが等しいもの

　　　㋑　1分間に60から79回の間隔で繰り返される閃光

　㊁　潮汐に関する次の用語を説明せよ。

　　(1)　潮時差　　　　　　　(2)　小潮

　㊂　沿岸航行中，クロス方位法により船位を求める場合，物標選定上の注意事項を3つ述べよ。

問題4　㊀　速力14ノットの船が，緯度3°-44′Sの地点から真針路000°で航走すると，何時間で赤道に到達することができるか。

　㊁　速力13ノットの船が，経度178°Eの赤道上の地点を発し，真針路090°で11時間航走し，それから真針路000°で13時間航走した。到着地の緯度，経度を求めよ。

　㊂　レーダーのみを利用して船位を測定する方法を3つあげよ。

　㊃　沿岸航行中，2物標のトランジットは，コンパス誤差や船位の測定以外どのようなことに利用することができるか。2つあげよ。

解答 **1** （一）　(1)－(オ)，(2)－(ア)，(3)－(イ)，(4)－(ウ)

（二）　（3つ解答）

・狭水道航行時

・入出港時

・輻輳海域航行時

・暗礁や浅瀬のある海域航行時

・変針地点付近航行時

・視界不良時

（三）　超音波を反射しやすい底質として，固い泥や岩地等が考えられる。

（四）　① ＭＭＳＩ，② 船名，③ 呼出符号，④ 船種，⑤ 船の長さ・幅

解答 **2** （一）　作図手順　海図16

作図より上埼灯台と三角山山頂を結んだ線の真方位は185°である。

ジャイロコンパス方位は，真方位より2°大きいことから，誤差は－2°である。

（二）　(1)　実航磁針路

① 鶴岬灯台の真北（真方位000°）3海里の位置を作図，同位置をＯとする。

② Ｏから磁針路290°の線上に速力12海里を作図，同位置をＡとする。

③ Ａから真方位130°，2海里の潮流ベクトルを作図，同位置をＢとする。

④ ＯとＢを結んだ線の方位が実航磁針路：285°である。

(2)　鳥埼台の正横距離

本船は，磁針路290°（操舵針路）のまま実航磁針路285°の航跡上を移動することから，原針路である磁針路290°の進路上で鳥埼灯台を左正横に見る磁針方位線（290°－90°＝200°）を引き，実航磁針路285°のＯＢ延長線との交点をＣとする。鳥埼灯台とＣを結んだ線の距離は4.4海里である。

（三）　沖ノ島灯台から引いた真方位186°の方位線と馬埼灯台から引いた真方位293°の方位線の交点が船位であり，同位置の緯度，経度は，40°05.2′N，139°02.4′Eである。

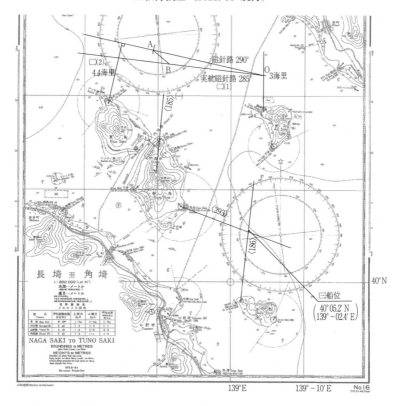

長埼至角埼

NAGA SAKI to TUNO SAKI

解答 3 （一） (1) (ウ) 【参考】この標識は特殊標識である。

（2） (ア) 等明暗光　(イ) 急閃光

（二） (1)　潮時差：標準港以外の港における潮時の概値を求めるとき，標準港の当日の潮時に加減する改正数である。

（2）　地球から見て月と太陽の位置が互いに直角にずれているとき（上弦の月と下弦の月のとき），両天体による起潮力の方向は直角にずれ互いに力を打ち消し，満干潮の潮位差は最も小さくなる。この時期を「小潮」という。

【参考】地球に対して月と太陽が直線上に重なるとき（新月と満月のとき），月と太陽による起潮力の方向が重なるため，1日の満潮と干潮の潮位差が大きくなる。この時期を「大潮」という。大潮と小潮は新月から次の新月までの間にほぼ2回ずつ現れる。

㈢　（３つ解答）
- 顕著で位置の正確な物標（灯台，島頂，山頂等）を選択する。浮標など移動する可能性のあるものを選定しない。
- なるべく近距離の物標を選択する。
- 各物標による位置の線の交角が適切な角度になるように物標を選択する。２物標であれば約90°，３物標であれば約60°が良い。
- 正確な位置を得るため，できれば３物標とする。２物標では位置の線に誤差があっても，それを発見することは困難である。

解答 4　㈠　速力×時間＝航程であるから，所要時間＝航程÷速力である。
南緯 3°44′S から赤道までの航程は，$60 \times 3 + 44 = 224$ 海里，
$224 \div 14 = 16$ 時間　　　　　　　　　　　　　　　**答**　16時間

㈡　① 針路90°，速力13ノットで11時間航走したときの変経の算出
　　$13 \times 11 = 143$ 海里であり，度数に換算すると $143 \div 60 = 2°23′$ である。
　　178°E から東に２度進み，180° を超えると西経になることから，2°23′ から 2° 引いた 0°23′ を西経値に換算すると $180° - 0°23′ = 179°37′$ W が到着地の経度となる。
② 針路 0°，速力13ノットで13時間航走したときの変緯の算出
　　$13 \times 13 = 169$ 海里であり，度数に換算すると $169 \div 60 = 2°49′$ である。
　　2°49′N が到着地の緯度となる。
　　　　　　　　　　　答　到着地の緯度，経度：2°49′N，179°37′W

㈢　レーダー船位測定法
① ２物標のレーダー距離，② １物標のレーダー距離と方位，③ ２物標のレーダー方位

㈣　トランシットの利用（２つ解答）
- 航進目標（船首目標）
- 変針目標
- 避険線
- 操船目標（投びょう，減速または停止など）

2024年2月　定期

航海に関する科目

（配点　各問100，総計400）

≪2時間30分≫

問題1　(一)　液体式磁気コンパスの自差に関して述べた次の(A)と(B)の文について，それぞれ<u>正誤を判断し</u>，下の(1)～(4)のうちからあてはまるものを選べ。

> (A)　自差は，磁気コンパス自体が持つ磁気によって生じる誤差である。
>
> (B)　航海中に針路を変えると，自差は変化する。

(1)　(A)は正しく，(B)は誤っている。　(2)　(A)は誤っていて，(B)は正しい。

(3)　(A)も(B)も正しい。　　　　　　(4)　(A)も(B)も誤っている。

(二)　ジャイロコンパスを使用して航行中は，一般にどのような注意が必要か。2つあげよ。

(三)　音響測深機は，正しい水深を得るために，どのような調整装置があるか。3つあげよ。

(四)　電磁ログに関する次の問いに答えよ。

(1)　受感部が汚れたり，微生物が付着した場合，どのような影響があるか。

(2)　(1)の影響を防ぐにはどのようにすればよいか。

問題2　試験用海図 No.15（⊕は，30°N，142°Eで，この海図に引かれている緯度線，経度線の間隔はそれぞれ30′である。）を使用して，次の問いに答えよ。

(一)　A丸は，大島北方海域を航行中，白埼灯台と梅山中腹の航空灯台（Aero）とが一線になったとき，そのジャイロコンパス方位を203°に測定した。ジャイロ誤差を求めよ。

(二)　B丸（速力16ノット）は，0930鹿島灯台から真方位120°，距離7海里の地点を発し，磁針路070°で航行した。この海域には流向285°（真方位），流速3ノットの海流があるものとして，次の(1)～(3)を求めよ。

(1)　実航磁針路及び実速力

(2)　赤岬灯台の正横距離

(3)　1200の予想位置（緯度，経度）

問 題 3　㈠　航路標識に関する次の問いに答えよ。

(1)　右図に示す灯浮標の意味について述べた次の
　　文のうち，正しいものはどれか。

黒

黄

　㋐　灯浮標の北側に可航水域がある。
　㋑　灯浮標の東側に可航水域がある。
　㋒　灯浮標の南側に可航水域がある。
　㋓　灯浮標の西側に可航水域がある。

(2)　指向灯は，どのような航路標識か。

㈡　潮汐に関する次の用語を説明せよ。

(1)　高潮と低潮の現象は，通常，1日に2回ずつあるが，高潮と高潮，
　　低潮と低潮の間隔は，平均すると，何時間何分程度であるか。

(2)　潮時及び潮高を知る必要があるのは，どのような場合か。4つあ
　　げよ。

㈢　重視目標の選定にはどのような注意が必要か。3つあげよ。

問 題 4　㈠　21°-25′N，177°-15′E の地点から変緯178′S，変経242′E と
　　なる地点の緯度，経度を求めよ。

㈡　速力13ノットの船が，緯度35°-00′N の地点から真針路180°で航走
　　すると，何時間で緯度31°-58′N の地に達することができるか。

㈢　海図上で2地点間の距離を測る場合，両地点の中間における緯度尺
　　を用いるのは，なぜか。

㈣　狭水道は通常どのような時機に通航するのがよいか。2つあげよ。

解 答 1　㈠　解答は(2)

㈡　ジャイロコンパスを使用して航行する場合の注意は以下の通りである
　（2択）。

・マスターコンパスの示度とレピータコンパスの示度を照合し，整合させ
　る。

・磁気コンパスの示度と照合して，コンパス誤差の変化を調べる。

・機会あるごとにジャイロエラーを測定する。

・（自動調整でない場合）緯度や速度が変わったら，速度誤差修正値を修
　正する。

㈢　（3つ解答）

　　① 感度調整，② 喫水調整，③ STC 調整，④ 目盛板位置調整
㈣ （1）　正確な船速が計測されなくなる。
　（2）　停泊中やドックを利用して受感部を定期的に清掃する。

解答 2　㈠　作図より白埼灯台と航空灯台を結んだ線の真方位は200°である。

　　ジャイロコンパス方位は，真方位より 3°大きいことから，誤差は− 3°である。

㈡　作図手順　海図15
　（1）　実航磁針路と実速力
　　①　鹿島灯台から真方位120°，7 海里の位置を作図，同位置をOとする。
　　②　Oから磁針路070°の線上に速力16海里を作図，同位置をAとする。
　　③　Aから真方位285°，3 海里の潮流ベクトルを作図，同位置をBとする。
　　④　OとBを結んだ線の方位が実航磁針路：062°である。
　　　OとBを結んだ線の航程が実速力：14.0ノットである。

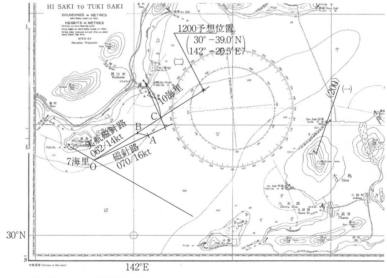

　（2）　赤岬灯台の正横距離
　　　本船は，磁針路070°（操舵針路）のまま実航磁針路062°の航跡上を移動することから，原針路である磁針路070°の進路上で浜埼灯台を右正横に見る磁針方位線（070°− 90°= 340°）を引き，実航磁針路062°のOB

延長線との交点をＣとする。浜埼灯台とＣを結んだ線の距離は10.0海里である。

⑶　1200の予想位置

　　⑴より実速力14.0ノットでの0930から1200までの３時間の航走距離は，14.0 × 2.5 ＝ 35.0海里であり，実航磁針路であるＯＢを結んだ線上において，Ｏから35.0海里の位置が1200の予想位置である。

　　同位置は，30°39.0′N，142°20.5′E

解答 **3**　㊀　⑴　㋐　【参考】この標識は北方位標識である。

　⑵　指向灯：通航困難な水道や港内の航路を示すため，航路の延長線上の陸地に設置し，白光により航路を，緑光により左舷の危険水域を，赤光により右舷の危険水域を示す。

㊁　⑴　12時間程度

　⑵　（４つ解答）

・港や湾内など余裕水深の小さい海域を航走する場合

・険礁や浅瀬のある危険な海域を航行する場合

・着岸する場合（係留索の張り具合，舷梯の設置，荷役）

・狭水道等において潮流の流向を知る場合

・橋脚の下を通過する場合

・座礁した船が離礁を試みる場合

㊂　・２体１組の重視目標のうち，手前の目標物が自船に著しく近い場合，精度が劣る場合があることに留意する

・２体１組の重視目標の高さなどが同程度の場合，前後の区別が難しくなることに注意する

・自然物（山頂や断崖等）を利用する場合は傾斜等が緩やかではなく顕著なものを選定する

・海図上の位置が確かなもので視認しやすいものを選定する

・遠方にあるため判別が難しい場合，近距離に位置するものを選定する

解答 **4**　㊀　出発地（21°25′N，177°15′E）に加除する変緯178′S 及び変経242′E を度数に換算する。

　　178′S ÷ 60 ＝ ２°58′S′ly　出発地の緯度と異名であり，緯度値から差し引く。

　　242′W ÷ 60 ＝ ４°２′E′ly　出発地の経度と同名であり，経度値に加える。

④　到着緯度の算出
$$21°25'N$$
$$-　2°58'S'ly$$
$$\overline{18°27'N}$$

②　到着経度の算出　　→180°を超えた度数 1°17′ を西経域（W）に換算する。
$$177°15'E　　　　180°00'$$
$$-　4°02'E'ly　　　-　1°17'W'ly$$
$$\overline{181°17'}　　　　\overline{178°43'W}$$
$$-　180°$$
$$\overline{1°17}$$

　　　　　　　　　　　　　　　　　　　答　18°27′N，178°43′W

㈡　速力×時間＝航程であるから，所要時間＝航程÷速力である。

　　北緯35°00′N から北緯31°58′ までの変緯は， 3°02′ であり， 航程に換算すると， 60×3＋2＝182海里， 182÷13＝14時間　　　　**答**　14時間

㈢　海図は図法として漸長緯度を採用しているため，緯度が高くなるほど緯度間隔は広くなる。したがって，低緯度の距離を高緯度の緯度尺で測ったり，高緯度の距離を低緯度の緯度尺で測ることでは距離を正確に測ることができない。正確に測るためには，両地点間の中間における緯度（中分緯度）付近の緯度尺を用いる必要がある。

㈣　（2つ解答）

・昼間の視界の良いとき。

・潮流の強い水道では，潮流が弱く，できるだけ逆潮のとき。

・漁船や他船舶が少ないとき。

2020年 4 月　定　期

運用に関する科目

（配点　各問100，総計400）

〈2時間30分〉

問題1　(一)　鋼船の次の(1)及び(2)の部材の役目を述べよ。

　(1)　船首材　　　(2)　ビーム

(二)　船の容積から算出して表すトン数を2つあげよ。

(三)　鋼船の外板で海藻類や貝類などが多く付着しやすいのは，水線部付近のほかどのような箇所があるか。2つあげよ。また，水線部付近の外板の手入れは，どのように行うか。

問題2　(一)　船体の安定について述べた次の(A)と(B)の文について，それぞれの正誤を判断し，下の(1)～(4)のうちからあてはまるものを選べ。

> (A)　船がボトムヘビーの状態であれば，船の横揺れはゆっくりである。
>
> (B)　重心の位置が低いタンクの自由水は，復原力に影響しない。

　(1)　(A)は正しく，(B)は誤っている。

　(2)　(A)は誤っていて，(B)は正しい。

　(3)　(A)も(B)も正しい。

　(4)　(A)も(B)も誤っている。

(二)　最短停止距離に関する次の問いに答えよ。

　(1)　最短停止距離とは何か。

　(2)　最短停止距離を知っておくことは，操船上どのような場合に利用できるか。例を1つあげよ。

　(3)　同一船において，次の(ア)及び(イ)は最短停止距離にどのような影響を及ぼすか。

　　(ア)　喫水の深さ　　　　　(イ)　船底の汚れ

(三)　船が単びょう泊する場合の投びょう法に関する次の問いに答えよ。

　(1)　投びょう予定地点に着く前に，いかりは，あらかじめどのような状態としておくのがよいか。

　(2)　いかりが海底を十分にかいたかどうかは，どのようにして知るか。

問題 3　㈠　右図は，日本付近における地上天気図の一部である。次の問いに答えよ。

(1)　この天気図型は何型か。

(2)　この型はどの季節に多く見られるか。

(3)　図の高気圧名を記せ。

(4)　この型の場合における日本の天気の特徴を述べよ。

㈡　次の(1)～(3)の天気記号（日本式）を記せ。

(1)　快　晴　　　　(2)　雷　　　　(3)　霧

㈢　霧について述べた次の(A)と(B)の文について，それぞれの<u>正誤を判断し</u>，下の(1)～(4)のうちからあてはまるものを選べ。

> (A)　空気中に十分な水蒸気があり，それが凝結するまで空気を冷却すれば霧粒（微小な水滴）ができる。
> (B)　気象観測では，空中に浮かんだ無数の霧粒によって，地表付近の水平視程が 1 km 未満となった場合を霧と呼んでいる。

(1)　(A)は正しく，(B)は誤っている。

(2)　(A)は誤っていて，(B)は正しい。

(3)　(A)も(B)も正しい。

(4)　(A)も(B)も誤っている。

問題 4　㈠　洋上を航行中，荒天のため目的港への航走を続けることが困難となった場合，天候が回復するまでの間，船の安全を保つために行われる「ちちゅう法」とはどのような方法か。

㈡　航海日誌の記入に際しては，特にどのような点に注意しなければならないか。

㈢　沿岸航行中，視界不良になったときの処置を 6 つあげよ。

㈣　ワイヤロープを使用する場合，切断の原因になると考えられることを 3 つあげよ。

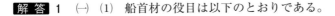

解答 1　㈠　(1)　船首材の役目は以下のとおりである。

・船首材は船首先端で左右の外板をまとめ，下端はキールに接続する。

・通常の外板よりも厚く造られており，船首端における衝突等の衝撃を吸収し，船体を保護する。

・船首を細くし，波の抵抗を減らす。

(2)　ビームは甲板下において両舷フレームの上端と連結され，甲板上の加重を支え，フレームと共に船形を保つ横強力材である。

(二)　総トン数，純トン数

【参考】トン数には容積を表すものと重量を表すものがある。重量トンには，載貨重量トンなどがある。

(三)　付着箇所（2つ解答）：

・機関室付近の外板

・栄養分を含んだ排水や温水を出す調理室のスカッパー付近の外板

・長期停泊した場合，日光の当たる海側の外板

水線部付近の外板の手入れ：

　　　入渠時の上架した際に，外板についた汚れ（海藻類・貝類等）を高圧清水で掃除し，下地処理として，落としきれなかった汚れや塗膜面の浸食や剥離及び発錆部をディスクサンダーなどの工具を使ってよく落とし平滑化を行う。

　　　その後，下塗り（錆止め塗装）及び上塗り（B/T（水線）塗装）を行う。

解答 2　(一)　ボトムヘビーの状態では船の横揺れ周期は短くなるので，Ａは誤りである。

　　　Ｂのタンクの自由水は垂心の位置に関係なく復原力を低下させるので誤りである。

　　　したがって，正答は「(4)のＡもＢも誤っている」である。

(二)　(1)　最大航海速力で航走中，機関を後進全速とし，対水速力が0になるまでに船体が進出した距離をいう。

(2)　（1つ解答）

・相手船との安全距離の目安になる。

・入港操船において，防波堤や障害物との衝突回避のための距離の目安になる。

・着岸等の操船において，停止距離の目安になる。

(3)　(ア)　喫水が深い（船体重量が大きい）と，最短停止距離を長くする。

(イ)　船底の汚れは摩擦抵抗を大きくするため，最短停止距離を短くする。

（三）　(1)　投びょう予定地点に着く前に，両舷びょうは吊り下げて，ウィンド
　　　　ラスのブレーキを緩めればいつでも投下出来る状態にしておくのが良い
　　　　（コックドビルの状態及びスタンバイアンカーの状態）。

　　　(2)　後進投びょう法では，びょう鎖を所定の長さまで伸出し止めると，い
　　　　かりが海底を十分に掻いていれば，びょう鎖が一旦張って，今度はその
　　　　反動で緩み始める。それとともに船首が風上に向かうように回頭してい
　　　　く。

　　　　　前進投びょう法では，びょう鎖を所定の長さまで伸出し止めると，い
　　　　かりが海底を十分に掻いていれば，びょう鎖が張った状態で船首がびょ
　　　　う鎖の伸出方向に向かうように回頭していく。

解答 3　（一）　(1)　南高北低型（日本南部に高圧部が，北に低圧部が分布し
　　　　ている。）

　　　(2)　夏季

　　　(3)　小笠原高気圧

　　　(4)　日本付近は小笠原高気圧に覆われ，等圧線に沿って南から暖かく湿っ
　　　　た海洋性の空気が入り込み，快晴で蒸し暑い日が多くなる。

（二）　(1)　快晴　○　　　(2)　雷　◖　　　(3)　霧　◉

（三）　(3)　【解説】水平視程が 1 km 以上，10km 未満となった場合を「もや」
　　　　という。

解答 4　（一）　ちちゅう法（heave to）舵効を失わない程度の最小の速力とし，
　　　波浪を船首から斜め 2 ～ 3 点に受けてその場に留まり荒天に対処する方法
　　　である。前進力が維持できることにより波浪に対する姿勢を保持すること
　　　ができ，風下側への圧流も小さいため風下側に十分な余裕水域が無い場合
　　　でも有効である。しかし，船首の波による衝撃，海水の打ち込みを防ぐこ
　　　とはできない。

（二）　航海日誌は船舶の航泊を問わず一切の出来事を記録する日誌である。記
　　　入に際しては次に注意する。

　　　・記事は書式に従って簡単明瞭に，時系列に従い記載する。

　　　・重要事項については良く吟味してから記入する。

　　　・字句の訂正・削除には，原字がわかるように線を引いて訂正し，記載者
　　　　が押印する。

　　　・各ページを裂いたり切り取ったりしてはならない。

㈢　（6つ解答）
　・視界の状況に応じ，速力を適度に減じる。
　・航海灯を点灯する。
　・霧中信号を実施する。また，他船の霧中信号を聴取するために，船橋の
　　ドアや窓は開け，できればウイングに出て霧中信号やその他の音に注意
　　する。船内はできるだけ静かにする。
　・レーダープロテッィングを実施し，他船の監視を強化する。
　・見張員やレーダー監視員を増員する。
　・手動操舵とする。
　・電波計器（レーダー，GPS 等），航海計器により船位の確認に努める。
　・霧情報の収集に努める。
㈢　（3つ解答）
　・使用荷重がワイヤーロープの破断力を超えて使用したとき。
　・ハッチコーミングなどに，ワイヤーロープが過度に擦れたとき。
　・キンクがあるロープを使用したとき。
　・耐用年数を超えて使用したとき。
　・ロープに不規則な荷重を連続して与えるようなとき。

2020年 7月　定　期

運用に関する科目

（配点　各問100，総計400）

〈2時間30分〉

問題1　(一)　鋼船の船体の構造に関する次の文の　　　内にあてはまる
語句を，番号とともに記せ。

　　鋼船の船体は，キールに直角な方向に一定間隔にフレームを置き，
左右両舷のフレームの上端を　(1)　により連結し，この上に　(2)　が
張られる。

　　外板は船首から船尾にかけて左右両舷のフレームの外側に張られ
ており，張られている箇所により3つに大別すると，上から順次，
　(3)　，船側外板，船底外板と呼ばれる。

　　船底外板の湾曲部（ビルジ外板）には，船体の横揺れを軽減するた
め　(4)　が取り付けられる。

(二)　一般商船には，各フレームの位置を特定するためにフレーム番号が
付けられているが，その基準となるのはどこか。また，その番号のつ
け方はどのようになっているか。

(三)　船のトン数に関する次の問いに答えよ。

(1)　貨物等の最大積載量を表すために用いられるトン数の種類を1つ
記せ。

(2)　水上に浮かぶ船が排除する水の重量〔質量〕と等しいトン数で表
したものを何というか。

(四)　鋼船の船体の手入れについて，上甲板などの塗装箇所の補修塗り
（タッチアップ）は，どのように行うか。

問題2　(一)　復原力について述べた次の(A)と(B)の文について，それぞれ
の正誤を判断し，下の(1)～(4)のうちからあてはまるものを選べ。

> (A)　復原力は，GM（横メタセンタ高さ）が減少すると増加する。
> (B)　復原力が減少すると，横揺れ周期が長くなる。

(1)　(A)は正しく，(B)は誤っている。

(2)　(A)は誤っていて，(B)は正しい。

(3)　(A)も(B)も正しい。

　　(4)　(A)も(B)も誤っている。

㈡　船首いかりは，びょう泊に利用するほか，操船上どのようなことに利用するか。4つあげよ。

㈢　固定ピッチプロペラの一軸右回り船を，岸壁に横付けする場合の操船に関する次の問いに答えよ。ただし，風及び潮流等の影響はないものとする。

　(1)　右舷横付けの場合と左舷横付けの場合とでは，次の㈦及び㈺については，一般的な操船上，それぞれどのような違いがあるか。

　　㈦　船首方向と岸壁との角度

　　㈺　岸壁間近に接近したときの前進行きあし

　(2)　(1)のような違いがあるのはなぜか。

問題3　㈠　夏季，日本付近に最も多く現れる地上天気図型（気圧配置上からの分類）は夏型以外に何型と呼ばれるか。また，この型の場合における日本の天気の特徴を述べよ。

㈡　地上天気図に描かれる，前線を伴った温帯低気圧の形状の1例を図示せよ。

㈢　台風の来襲が近いとき，気象・海象上どのような前兆がみられるか。5つあげよ。

㈣　視程に関して述べた次の文のうち，誤っているものはどれか。

　(1)　視程を観測するには，船橋等の見晴らしのよい場所を選ぶ。

　(2)　視程は，普通の視力の人が双眼鏡を使用して観測したものである。

　(3)　島や他船が見えるときは，レーダー等により目標までの距離を測定しておくと，視程の推定が容易である。

　(4)　視程が方向によって異なるときは，最小の視程をその地点の視程とする。

問題4　㈠　洋上を航行中，荒天のため目的港への航走を続けることが困難となった場合，天候が回復するまでの間，船の安全を保つために行われる次の(1)及び(2)の方法を説明せよ。

　(1)　ちちゅう法　　　　(2)　順走法

㈡　船内火災に関する次の問いに答えよ。

　(1)　火災の発生を防止するため，日常，どのような注意が必要か。4つあげよ。

　(2)　火災の拡大を防ぐため，直接の消火作業のほかどのような対策を講じるか。4つあげよ。

（三）　直径20mmのワイヤロープ（係数2.0）の安全使用力はいくらか。ただし，安全使用力は破断力の$\frac{1}{6}$とする。

解答 1　（一）　(1)　ビーム，(2)　甲板，(3)　舷側厚板，(4)　ビルジキール

（二）　一般商船でのフレーム番号は，船舶の船尾垂線（AP：After perpendicular）を基準として，フレーム毎に番号がつけられる。番号は，船尾側をNo.0として船首方向に向かい順番にNo.1，No.2，No.3と番号がつけられる。

　　また，船尾方向に向かってはNo.a，No.b，No.cとつけられる。

（三）　(1)　載貨重量トン数　　(2)　排水トン数

（四）　上甲板等の塗装箇所の補修塗り（タッチアップ）：

　　塗装対象箇所について，清水洗いにより塩分を除去し，下地処理（ディスクサンダー，チッピングハンマー，ワイヤーブラシなどを用いて錆を落として，平滑化する）を十分に行い，十分に乾燥させてから塗装を行う。

解答 2　（一）　答：(2)

　　(A)のGM（横メタセンター高さ）が減少すると，復原力は減少するから誤りである。

　　(B)の復原力が減少すると，横揺れ周期は長くなるので正しい。

（二）　（4つ解答）

・狭い水域で小さく回頭したいときに使用する。回頭したい側のいかりを投下し，その点を中心に回頭する。

・真っすぐ後退したいとき，いかりを引きずりながら機関後進とし，船首の振れを抑える。

・着岸時，岸壁から適当に離れた地点に投びょうすることにより，離岸時，びょう鎖を巻き込むことによって船首を確実に離すことができる。

・機関後進だけでは停止できないとき，投びょうして短距離で停止させる。

・船尾づけで着岸する場合，船首の固定として使用する。

（三）　(1)　(ア)　船首方向と岸壁との角度

　　　・右舷横付け：岸壁にほぼ平行か平行に近い角度。

　　　・左舷横付け：岸壁に対して約20度ぐらいの角度をもたせる。

　　(イ)　前進行きあし

　　　・右舷横付け：できるだけ前進行きあしを小さくする。

　　　・左舷横付け：右舷横付けよりいくらか大きい行きあしを持たせる。

(2)　固定ピッチプロペラの一軸右回り船が行きあしを止めるために機関を後進にかけると，スクリュープロペラの作用で船尾が左に振れる。したがって，右舷横付けの場合，接岸が困難となるので，機関を後進にかけなくても船体が停止するような態勢で接近する必要がある。左舷横付けの場合は，後進機関をかけることで角度をもって接岸すれば，丁度岸壁に平行に停止できる。

解答 **3**　㈠　型の呼称：南高北低型

　天気の特徴：等圧線は東西に近く延び気圧傾度は小さい。弱い南東の季節風が吹く。日本全域で高温多湿で好天が続く。

㈡　次図のとおりである。

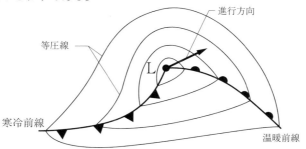

㈢　台風の来襲の前兆　以下より５つをあげる。
　・長大なうねりが現れる。
　・気圧が降下し始める。
　・風が強くなる。
　・巻雲が現れ，次第に巻積雲，巻層雲が広がってくる。
　・海鳴りがする。
　・朝焼け，夕焼けの色が異常に赤くなる。
㈣　(2)　【参考】視程とは肉眼で観測したものをいう。

解答 **4**　㈠　(1)　ちちゅう法：舵効を失わない程度の最小の速力とし，波浪を船首から斜め２～３点に受けて荒天に対処する方法である。前進力が維持できることにより波浪に対する姿勢を保持することができ，風下側への圧流も小さいため風下側に十分な余裕水域が無い場合でも有効である。しかし，波による船首への衝撃や海水の打ち込みがある。

(2)　順走法：波浪を斜め船尾に受け，追われるように航走する方法をいう。船体が受ける波の衝撃が最も弱く相当の速力を保持できるため，荒天の中心から積極的に脱出するような場合に使用する。ただし，保針性が悪く，船尾からの波の打ち込みを起こす場合がある。

(二)　(1)　火災発生の防止（4択）

・火気の取扱いや，後始末を確実に実施する。

・船内巡視を励行する。特に，火気作業が行われた場所にあっては，入念に点検する。

・油のついた布切れなどの自然発火し易い物の保管に注意する。

・電線の腐食状況に注意し，漏電のないようにする。

・爆発物，可燃物，発火物等の取扱いに注意する。

・喫煙場所を定める。

・乗組員の防火に対する教育及び訓練（操練）を実施する。

(2)　火災拡大の防止（4択）

・火災現場の周囲の開口部を密閉して空気の流通を止め，可燃物を除去する。

・火災現場の周囲の甲板や隔壁に放水して，周囲から冷却する。

・火災現場に通ずる電路を遮断する。

・航海中であれば，火元を風下にして停船させる。

・停泊中であれば，通報し又火災警報を行い陸上からの援助を要請する。

(三)　ナイロンロープの直径を D [mm]，係数を k とすると，破断力 B [t] は次式で与えられる。

$$B = k \left[\frac{D}{8}\right]^2$$

ここで，D = 20mm，k = 2.0であるから，

破断力 $B = 2.0 \times \left[\frac{20}{8}\right]^2 = 12.5$

安全使用力 W を求める。

安全使用力 $W = B \times \frac{1}{6} = 12.5 \times \frac{1}{6} = 2.08$

答　安全使用力　2.1トン

2020年 10月　定 期

運用に関する科目

（配点　各問100，総計400）

〈2時間30分〉

問題1 （一）　鋼船の船体の主要部分に関する次の問いに答えよ。
(1)　船首の形状にはどのようなものがあるか。2つあげよ。
(2)　船尾材（船尾骨材）はどのような形状をしているか。1例を図示せよ。

（二）　載貨重量トン数を説明せよ。

（三）　鋼船の外板で海藻類や貝類などが多く付着しやすい箇所は，どの付近か。3つあげよ。

（四）　鋼船が入渠してドライドックの排水が終わった後，二重底タンク等の栓（ボットムプラグ）は，通常どのようにするか。

問題2 （一）　海上が静穏であっても大角度の転舵をすると船が転覆することがあるが，それはどのような原因によるものと考えられるか。

（二）　他船と接近して，ほぼ平行に追い越すか又は行き会う場合，吸引，反発等の相互作用によって危険に陥り衝突することがある。この作用について述べた次の文のうち，誤っているものはどれか。
(1)　2船間の距離が小さいほど，相互作用は大きくなる。
(2)　行き会う場合より追い越す場合の方が，相互作用の影響を多く受ける。
(3)　2船の速力が小さいほど，相互作用は大きくなる。
(4)　水深の浅い水域では，相互作用は大きくなる。

（三）　固定ピッチプロペラの一軸右回り船（総トン数300トン）が，港口から接近し下図に示すように右舷横付け係留しようとする場合の操船方法に関する次の問いに答えよ。ただし，風及び潮流の影響はないものとする。

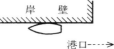

(1)　岸壁に対してどのような角度で接近すればよいか。
(2)　係留位置の近くに来てからは，なるべく機関を後進に使用しないようにするのはなぜか。
(3)　係留位置の近くに来たとき，行きあしが過大な場合は，どのよう

にするか。

[問　題]3　㈠　右図は，日本付近における地
上天気図の一部である。次の問いに答え
よ。

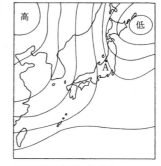

(1)　この天気図型は何型か。

(2)　この型はどの季節に多く見られるか。

(3)　図の高気圧名を記せ。

(4)　A付近の風向を記せ。

(5)　日本海側と太平洋側との天気の違い
を記せ。

㈡　次の(1)及び(2)の天気記号（日本式）は，それぞれ何を表すか。

(1)　◎　　　　(2)　⦿

㈢　北半球の洋上において，台風圏内にある甲船と乙船が次のように風
と気圧を観測した。甲，乙両船はそれぞれ台風圏内のどの部分にいるか。

　　甲　船：風が次第に強くなり，風向は右回りに変わり，気圧が下がる。

　　乙　船：風が次第に強くなり，風向はほとんど変わらないで，気圧
が下がる。

[問　題]4　㈠　航行中，荒天準備をする場合，どのような箇所を閉鎖しな
ければならないか。4つあげよ。

㈡　油タンカーにおいて，火災，爆発事故を防止するため，次の(1)及び
(2)についてはそれぞれどのような注意が必要か。2つずつ述べよ。

(1)　喫煙場所　　　　　　(2)　ギャレーストーブ（調理用）の使用

㈢　船が他の船舶と衝突したとき，直ちに行わなければならない措置及
び注意事項を4つあげよ。

㈣　昼間航行中，当直航海士が海上に物標を発見し，船長にそのことに
ついて報告する場合の要点を述べよ。

解答 1 ㈠ (1)　船首形状（2つ解答）

　　　直立型，傾斜型，球状型，クリッパー型，スプーン型

㈡ (2)　船尾骨材（1つ解答）

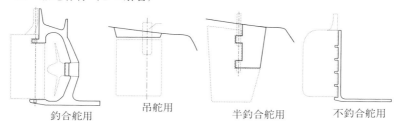

釣合舵用　　　　吊舵用　　　　半釣合舵用　　　　不釣合舵用

㈡　載貨重量トンとは満載重量と軽貨重量との差で，その船に積載できる貨
　　物等の最大限の重量を表すトン数である。

㈢　海藻やふじつぼは，暖かく，栄養のある外板に付着する。

　　・機関室付近の外板

　　・栄養分を含んだ温水を出す調理室のスカッパー付近の外板

　　・長期停泊をした場合，太陽の当たる海側の外板

㈣　造船所または船主のどちらが取り外した船底栓を保管するのかを明確に
　　し，場所を明記して他と混同しないように区別して保管する。船齢が進む
　　と船底栓が緩んでくる場合もある。相当に緩みがある場合は，新替する。

解答 2　㈠　大角度変針をすると，船体上部は旋回外側に向かって遠心力
　　が働き，船体下部は水の抵抗によりその場に船体を止めようとする。遠心
　　力と水の抵抗による偶力が発生し，この偶力が復原力よりも大きくなると
　　船は転覆する。

㈡ (3)【参考】2船間の速力が大きいほど相互作用は大きくなる。

㈢ (1)　右舷係留では，岸壁に対してできるだけ平行に接近する。

　(2)　右舷係留では，係留位置付近で機関を後進にかけると，船尾が大きく
　　　左に振れて岸壁から離れ係留が困難になる。

　(3)・機関を後進にかけ，同時に左舷びょうを投下する。

　　　・いかりと機関が効いて行きあしが落ちたところで，フォワードスプリ
　　　　ングを取り，行きあしを止める。

解答 3 ㈠ (1)　西高東低型（冬型）

　(2)　冬季

(3)　シベリア高気圧

(4)　北西～北北西

(5)　日本海側の天気は雨雪で北西風が吹き，太平洋側の天気は晴れで冷たい乾燥した北西風が吹く。

㈡　(1)　曇り　　(2)　霧

㈢　甲船：台風の右半円側で台風の中心よりも前にいることが考えられる。【参考】風が次第に強くなる，気圧が下がる→台風の中心よりも前にいる。風向は右回りに変わる→右半円にいる。

　　　　乙船：台風の進路上にいることが考えられる。【参考】風が次第に強くなる，気圧が下がる→台風の中心よりも前にいる。風向はほとんど変わらない→進路上にいる。

解答 4　㈠　（4つ解答）

・船外に通じる風雨密扉及び扉　　・機関室天窓

・通風筒　　　　　　　　　　　　・タンクの空気管，測深管

・窓，舷窓　　　　　　　　　　　・ハッチ，載貨門

㈡　(1)　以下からから2つ選んで解答する。

　　　・許可された場所でのみ喫煙する。所定の場所にはその旨を表示する。

　　　・水入りの灰皿を使用する。

　　　・その場所を離れるときはタバコが消えていることを確認する。

　(2)・原油，ガソリン等引火性液体類の荷役中やタンククリーニング中に，調理用ストーブを使用しない。

　　　・ストーブの火の粉が煙突から出ないように，煙突に火の粉防止の金網を被せる。

㈢　衝突したとき，直ちに行わなければならない措置：

　1．沈没など急迫した危険があるかどうか，適確に状況判断を行う。

　2．必要があれば，直ちに人命救助や船体の保全のために応急処置をとる。

　3．沈没のおそれがある時は，遭難信号，遭難通信で付近を航行している船舶及び近くの海上保安部へ救助を求める。

　4．沈没のおそれや航海に支障が無い時は，互いに人命，船舶，積荷の救助に必要な手段を尽くす。

　5．海上保安庁や船主などの関係各所へ，衝突の事実，互いの船舶の名称，船舶所有者，船籍港，仕出し港，仕向港を連絡する。

　6．衝突時及び前後の状況などを可能な限り多くの事項（衝突時刻・衝突

角度・衝突箇所・船首方位・衝突位置など）を記録しておく。

衝突時の注意事項を4つ：

1．衝突直後は，直ちに機関停止させ，後進をかけない。

2．衝突後，両船が離れると衝突による破口から浸水して，沈没のおそれがあるような時は，そのまま衝突状態を保つ。

3．沈没のおそれがあれば，素早く救助対策を立てる。

4．沿岸航行中に衝突して，沈没のおそれがある時は，浅瀬または海岸まだ可能な限り低速で進行し，座礁させる。

5．海上保安庁や船主などの関係各所へ，衝突の事実，互いの船舶の名称，船舶所有者，船籍港，仕出し港，仕向港を連絡する。

6．衝突時及び前後の状況などを可能な限り多くの事項（衝突時刻・衝突角度・衝突箇所・船首方位・衝突位置など）を記録しておく。

(四)　・物標の種類（大型船，漁船，又は漂流物等）

　　　・物標の相対方位（左・右何点，正船首，正横等），及び距離

　　　・物標の相対方位変化（右・左・船尾に変わる，船首を横切る等），及び距離変化（近づく，離れる，変化しない等）

2021年 2月　定　期

運用に関する科目

（配点　各問100，総計400）

〈2時間30分〉

問題 1　（一）　船の一般配置図に関する次の問いに答えよ。

（1）　どのような図面か。

（2）　どのような内容が記載されているか。3つあげよ。

（二）　排水トン数〔排水量〕を説明せよ。

（三）　船のチェーンロッカーに関する次の問いに答えよ。

（1）　チェーンロッカー内は，腐食が激しいが，なぜか。

（2）　入渠中の手入れは，一般にどのように行うか。

（四）　船底塗料に使用されるペイントの種類を2つあげよ。

問題 2　（一）　航海中に船の復原力が減少するのはどのような場合か。3つあげよ。また，復原力が減少すると，船の横揺れはどのように変わるか。

（二）　固定ピッチプロペラの一軸右回り船が機関を使用した場合について，次の問いに答えよ。

（1）　プロペラが回転するとき，上下の羽根が受ける水の抵抗の差は船尾を偏向させる原因の1つであるが，これを何の作用というか。

（2）　停止中，舵を中央として機関を後進にかけると，（1）の作用は船尾を右舷又は左舷のどちらへ偏向させるか。理由とともに述べよ。

（三）　船を小回りに回頭させるとき，いかりを利用するほうがよいのはどのような場合か。例を2つあげよ。また，この場合にびょう鎖はどのくらい伸ばすのがよいか。

問題 3　（一）　右図は，日本付近に来襲する台風の主な経路3つを示したものである。次の問いに答えよ。

（1）　台風が①～③の経路（矢印方向）をとるのは，それぞれ何月頃が多いか。

（2）　経路を示す線のうち，進行方向が大きく変わっているところを通常何というか。

（3）　進行方向が大きく変わる前と後では，台

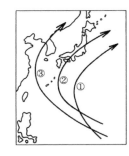

　　風の進行速度は一般にどのように違うか。
　㊁　雲について説明した次の文のうち，巻雲について述べたものはどれか。
　　⑴　繊維状をした繊細な，はなればなれの雲で，陰影はなく，一般に白色で羽毛状，かぎ形，直線状となることが多い。
　　⑵　灰色の層状の雲で，全天を覆うことが多いが，日のかさ，月のかさは生じない。
　　⑶　垂直に発達した厚い雲で，その上面はドーム状に盛り上がり，雲底はほとんど水平である。
　　⑷　白っぽいベール状の雲で，日のかさ，月のかさを生じるが，太陽や月の輪郭が不明になることはない。
　㊂　霧を，発生する原因によって分けると，どのような種類の霧があるか。3つあげよ。
　問題 4　㊀　洋上を航行中，荒天のため目的港への航走を続けることが困難となった場合，天候が回復するまでの間，船の安全を保つためには，どのような方法をとればよいか。2つの方法をあげ，それぞれについて説明せよ。
　㊁　航海当直に関する次の問いに答えよ。
　　⑴　夜間，目の暗順応についてはどのような注意が必要か。2つ述べよ。
　　⑵　霧のために視界不良のとき，他船の音響信号やその他の音響を聞き逃さないようにするためには，どのような注意が必要か。2つ述べよ。
　㊂　航行中，人が海中に落ちたとき，その直後に次の⑴及び⑵を防止するため，どのようなことをしなければならないか。
　　⑴　プロペラによる転落者の負傷
　　⑵　転落者を見失うこと。

解答 1　㊀　⑴　一般配置図とは甲板毎の平面図と縦断面図で構成され，各施設の配置が記載された図面である。
　⑵　次の配置が記載されている。以下から3つ解答。
　　・甲板配置
　　・各甲板における諸設備
　　・業務室（船橋や機関室）配置

　　　　　・居室（船室や客室）配置
　　　　　・船首垂線，船尾垂線，船体中央位置
　　　　　・フレーム及びその間隔
　　　　　・隔壁配置
　　　　　・船倉配置
　　　　　・タンク配置
　　　　　・マストや荷役設備配置
　　　　　・救命艇配置，救命いかだ配置
㈡　排水トン数（排水量）とは，船体が浮上したとき，水面下の船体が排除
　　した海水の重さを表す量であり，そのときの船体総重量に等しい。船体内
　　にある貨物や燃料の保有量が変化すると，排水トン数も変化する。
㈢　(1)　①　チェーンロッカーは，入渠時のほかは常にびょう鎖が格納され
　　　　　ているので，手入れが行き届かない。
　　　　②　びょう鎖の使用で，ロッカー内は海底の泥や海水の湿気があるうえ，
　　　　　通風が悪くて腐食が促進される。
　　(2)　びょう鎖全てを渠底に繰り出してチェーンロッカー内を清掃し，水洗
　　　　いして十分乾かし，腐食部分は錆打して錆止塗料を塗り，その後ピッチ
　　　　系の塗料で全体を塗っておく。
㈣　①　1号船底塗料（A／C）　　②　2号船底塗料（A／F）

解答 2　㈠　復原力の減少（GMの減少）の原因には，搭載物の荷揚げや
　　自由水影響などがある。航海中に起こる原因としては次が考えられる。以
　　下から3つあげる。
　　・二重底内にある燃料や清水の消費
　　・タンク内の液体やビルジによる自由水影響
　　・高緯度航行時の船体着氷
　　・荒天時の大量の海水の甲板への打ち込み
　　・スカッパーやフリーボートの整備不良による海水の残留
　　・ハッチ等からの海水の浸入
　　復原力が減少すると，横揺れ角度は大きくなり，横揺れ周期も大きくなる。
㈡　(1)　横圧力
　　(2)　一軸右回り船が機関を後進にかけると左回転となるので，プロペラの
　　　　横圧力の作用は前進回転の場合と反対になり，船尾を左舷（船首を右舷）
　　　　に偏向させる。

（三）　以下の場合に利用した方が良い。以下から2つ解答する。

　　① 泊地が狭く回頭するのに十分な広さがない場合

　　② 風潮流を船尾から受けて入港して，船首を風潮に立てようとする場合

　　③ 出船で着岸するため，岸壁付近で回頭する場合

　　また，伸ばすびょう鎖量は水深の1.5倍程度とする。

解答 3　（一）（1）① 10月頃，② 9月頃，③ 7月頃

　　（2）転向点

　　（3）転向前で西進しているころは約20km/hで，転向点付近では速度がにぶり，転向後は次第に速度を増して30〜40km/hになる。

（二）（1）【参考】（2）層雲，（3）積乱雲，（4）絹層雲

（三）以下から3つを解答する。

　　① 移流霧　　② 前線霧　　③ 蒸気霧　　④ 放射霧（輻射霧）

解答 4　（一）天候の回復まで，次を実行する。以下から2つ解答。

・低気圧の中心から遠ざかるように針路をとる。

・風浪を船尾2〜3点に受けて航走（順走）するか，又は船首2〜3点に受けて航走（漂ちゅう）するかは，低気圧と本船の位置関係による。

・風浪を正横から受けると，動揺が非常に激しくなるので，避けなければならない。

・波の周期と船体動揺周期が同調しないような速力とする。これらが同調すると，船体が大傾斜する場合がある。

（二）（1）目の暗順応には次の点を注意する（2択）。

・航海士の自室から船橋までの通路を常夜灯のみとする。

・船橋内を暗く保つため，計器などの照明を最小に設定する。

・船窓から灯火を漏らさないようにする。

・海図室はある程度の明るさがあるので，入室は必要最小限に留める。

　　（2）視界不良時の音響信号の聴取には次の点を注意する（2択）。

・船橋ウイングでの見張りに重点を置き，音響に注意する。

・船橋の風下側の扉や窓を開放し，音響に注意する。

・船内はできるだけ静粛にする。

（三）（1）・落下舷に舵を一杯に取り，キックを利用して船尾を転落者から遠ざける。

・直ちに機関を停止する。

(2)・自己発煙信号及び自己点火灯付き救命浮環を転落者の方向へ投下する。
　　・見張員を増やし，マスト等の高所にも配置する。
　　・夜間は探照灯により海面を照らして見張る。

2021年 4 月　定　期

運用に関する科目

(配点　各問100，総計400)

〈2 時間 30 分〉

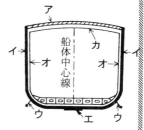

問題 1　(一)　右図は，鋼船の船体中央部の断面図の大要を示したものである。次の問いに答えよ。

(1)　**ア〜カ**の名称をそれぞれ記せ。

(2)　船体の縦強度を保つための部材となっているものを，**ア〜カ**のうちから 2 つ選べ。

(3)　**ア**及び**オ**は，それぞれどのような役目をするか。

(二)　鋼船の入渠(きょ)中又は上架中に行う点検のうち，次の(1)及び(2)については，特にそれぞれどのような箇所のどのような状況について調べる必要があるか。

(1)　船首部外板の外面　　　　　　(2)　舵(かじ)

問題 2　(一)　次の(1)及び(2)の場合に大舵(だ)角をとると，どのような危険を生じるおそれがあるか。理由とともに述べよ。

(1)　荒天航行中，変針しようとする場合

(2)　潮流の速い狭い水道を航行中，変針しようとする場合

(二)　喫水に対して水深の浅い（船底下の余裕水深の少ない）水域を航行する場合に現れる影響について述べた次の文のうち，下線_誤っている_ものはどれか。

(1)　船体が沈下しトリムが変化する。　　(2)　速力が増加する。

(3)　舵(かじ)効きが低下する。　　　　(4)　旋回性能が低下する。

(三)　右図は，沿海区域を航行区域とする船（長さ24m 以上）の，船の長さの中央部両船側外板に標示されている満載喫水線標（乾舷標）を示す。次の問いに答えよ。

(1)　乾舷を示すものは，①〜④のうちどれか。

(2)　⑤及び⑥の線はそれぞれ何を表しているか。

(3)　乾舷を確保することが船の航行上，重要である理由を述べよ。

問題3　㈠　冬季，日本付近に最も多く現れる地上天気図型（気圧配置上からの分類）は「冬型」以外に何型と呼ばれるか。また，この型の場合における日本の天気の特徴を述べよ。

㈡　右図は，日本付近に来襲した台風とその中心の進路を示したものである。次の問いに答えよ。

(1)　台風がA地点にあるとき，南からの強い風が吹いているのは，B，C，D及びEのうちどの地点か。記号で示せ。

(2)　F地点では，台風の進行に伴って，風向はどのように変化するか。

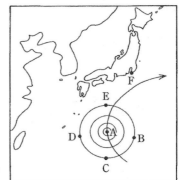

㈢　風向・風速計がない場合に，海面の状況を見て概略の風向と風力を知るには，どのようにすればよいか。

問題4　㈠　荒天時の操船法について述べた次の(A)と(B)の文について，それぞれの<u>正誤を判断し</u>，下の(1)～(4)のうちからあてはまるものを選べ。

> (A)　舵の効く程度に機関を前進微速とし，船首2～3点から風浪を受けるように操船する方法をちちゅう法という。
>
> (B)　船尾2～3点から風浪を受けて，荒天区域から逃れることを順走法という。

(1)　(A)は正しく，(B)は誤っている。　(2)　(A)は誤っていて，(B)は正しい。

(3)　(A)も(B)も正しい。　　　　　　　(4)　(A)も(B)も誤っている。

㈡　沿岸航行中，当直航海士は次直航海士にどのような事項を引き継ぐか。6つあげよ。

㈢　浸水防止及び防水設備に関する次の問いに答えよ。

(1)　浸水を早期発見するために，平素から行わなければならない事項を2つあげよ。

(2)　船舶に設置されている防水設備を3つあげよ。

㈣　ワイヤロープを使用する場合，切断の原因になると考えられること

を３つあげよ。

解答 1 ㊀ (1)　ア：甲板　イ：外板　ウ：ビルジキール　エ：キール
　オ：フレーム　カ：ビーム
(2)　ア，イ，エ
(3)　アの甲板の役目
　① 船の縦強度を保つ。
　② 甲板上の荷重を支える。
　③ 船内の水密を保つ。
　オのフレームの役目
　① 船の横強度を保つ。
　② ビームの両端を支えて甲板上の荷重を支える。
　③ 外板を張る受材となり，海水の側圧や外力により外板が変形しないように支える主要材である。
㊁ (1)　船首部外板の外面の点検
　・船首上部外板：いかり作業や岸壁との接触による損傷状況
　・船首船底部：波浪の衝撃などによる損傷状況
　・船首部外板の全般：腐食状況やペイントの剥離状態
　・保護亜鉛板の脱落及び衰耗状況
(2)　舵の点検
　・（舵を扛挙し）舵針（ラダーピントル），つぼ金（ラダーガジョン），碁石（ヒールディスク）等の摩耗状況
　・舵板の損傷状況
　・保護亜鉛板の脱落及び衰耗状況

解答 2 ㊀ (1)　荒天中大舵角をとると船体が大きく傾き，この時に横波を受けると傾きが更に大きくなり，なかなか戻らないので転覆の危険がある。
(2)　潮流の激しいところで大舵角をとると回頭が速く大きくなって，舵を中央に戻したり反対舷にとっても，潮流のために船首の回頭がとまらなくなり，陸岸に乗揚げや他船と衝突する危険がある。
㊁ (2)が誤りである。
　船体抵抗が増加するので，船速が低下する。

【参考】　喫水に対して水深が浅い場合，船底へ流れ込む水流は船体側方に向かって平面的に流れ，船体周りの水圧分布の様子を変える。前進航行中であれば船首の水圧は高まり，船体中央付近では水圧が下がって流れが速くなり，船尾付近では隙間を埋めるように流れる伴流によって再び水圧が高くなる。この船体周りの水圧の分布は船型，船速，喫水，水深により変化し水深が浅い水域（浅水域）では増速するにつれて船体中央部の低圧部は船尾の方まで広がり，船体が沈下する。

㈢　(1)　①

　(2)　⑤　淡水満載喫水線

　　　⑥　海水満載喫水線

　(3)　適切な乾舷を確保することにより，貨物の過積載を防止し，適切な復原力を保持する。

解 答 3　㈠　気圧配置の呼称：西高東低型

　　　天気の特徴：　・等圧線はほぼ南北に走り，気圧傾度が大きい。

　・シベリア高気圧から吹き出す北西の季節風が強く，日本に寒気をもたらす。

　・その北西季節風によって，日本海側は吹雪や冷雨となり，太平洋側は乾燥した晴れの日が多くなる。

㈡　(1)　B 地点

　(2)　風向の変化　東→北東→北→北西

㈢　風向：海面上の風浪の進行方向をコンパスで測定する。この場合，うねりの方向を測定してはいけない。うねりと風浪の風向とは一致しないことがある。

　　風速：海面の状況から気象庁の風力階級表を参考にして決める。

解 答 4　㈠　答　(3)

　　　ちちゅう法は，船首 2〜3 点に風を受け，順走法は船尾 2〜3 点に風を受ける操船方法であり，いずれも正しい。よって「A も B も正しい」(3)が答えである。

㈡　次を引き継ぐ。以下から6つ解答。

　・針路　　　　　　　　　　　・他船の動向

　・速力　　　　　　　　　　　・気象・海象

　・船位　　　　　　　　　　　・航海灯の点灯

　・航海計画とのずれ　　　　　・航海計器，機関の作動状態

　・次の変針点とその予定時刻　・船長からの特別の指示事項

（三）（1）早期発見：① ログ室等（機関室や舵機室）の船底を定期的に巡視し，漏水の有無を確認する。

② ビルジを定期的計測して，変化に留意する。

③ 喫水変化や船体傾斜の変化等に留意する。

　（2）船首隔壁，機関室前後隔壁，船尾隔壁，二重底構造

（四）（3つ解答）

・使用荷重がワイヤーロープの破断力を超えて使用したとき。

・ハッチコーミングなどに，ワイヤーロープが過度に擦れたとき。

・キンクがあるロープを使用したとき。

・耐用年数を超えて使用したとき。

・ロープに不規則な荷重を連続して与えるようなとき。

2021年 7月　定　期

運用に関する科目

（配点　各問100，総計400）

〈2時間30分〉

問題1　（一）　下図は，船舶の船首の形状を示したものである。①～④に示す形状の名称を番号とともに答えよ。

①　　　　　②　　　　　③　　　　　④

（二）　鋼船の次の(1)及び(2)の部材の役目を述べよ。

（1）　フレーム　　　　　　　　　（2）　ビルジキール

（三）　載貨容積トン数を説明せよ。

（四）　船上での塗装作業に関する次の問いに答えよ。

（1）　鋼材面に塗装するときの，下地（素地）の手入れについて述べよ。

（2）　塗装する時機としては，一般に，どのようなときがよいか。気温，湿度及び風の強さについて記せ。

問題2　（一）　航海中，船の復原力の減少をできるだけ防止するため，次の(1)～(3)については，それぞれどのような注意が必要か。

（1）　貨物の積付け

（2）　油タンク内の油又は清水タンク内の清水

（3）　上甲板の排水口

（二）　スクリュープロペラの回転によって生じる横圧力に関する次の問いに答えよ。

（1）　固定ピッチプロペラの一軸右回り船が停止の状態から舵中央として機関を後進にかけた場合，横圧力の作用は船尾をどちら舷に偏向させるか。

（2）　横圧力の作用は，船尾喫水が深くプロペラ羽根が完全に水面下に没している場合と，船尾喫水が浅くプロペラ羽根の上部が水面上に露出している場合とでは，どちらが強く現れるか。

（三）　船が単びょう泊する場合の投びょう法に関する次の問いに答えよ。

(1)　投びょう予定地点に着く前に，いかりは，あらかじめどのような
　　状態としておくのがよいか。
(2)　いかりが海底を十分にかいたかどうかは，どのようにして知るか。

問題 3　（一）　右図は，日本付近におけ
　　る地上天気図の1例である。次の問
　　いに答えよ。
(1)　この天気図型は何型か。
(2)　この型はどの季節に多く見られ
　　るか。
(3)　図の高気圧名を記せ。
(4)　この型の場合における日本の天
　　気の特徴を述べよ。

（二）　気圧の傾き（気圧傾度）に関する
　　次の文のうち，正しいものはどれか。
(1)　等圧線の間隔が狭いほど，気圧の傾き（気圧傾度）が大きく，風
　　は弱い。
(2)　等圧線の間隔が狭いほど，気圧の傾き（気圧傾度）が大きく，風
　　は強い。
(3)　等圧線の間隔が狭いほど，気圧の傾き（気圧傾度）が小さく，風
　　は弱い。
(4)　等圧線の間隔が狭いほど，気圧の傾き（気圧傾度）が小さく，風
　　は強い。

（三）　台風の来襲が近いとき，気象・海象上どのような前兆がみられるか。
　　5つあげよ。

問題 4　（一）　船が荒天の洋上を航行中，次の(1)及び(2)の場合には，それ
　　ぞれどのような危険を生じるおそれがあるか。2つずつあげよ。
(1)　向かい波を受ける場合　　　　(2)　追い波を受ける場合

（二）　航海日誌の記入中に書き誤りをしたときは，どのように処理しなけ
　　ればならないか。

（三）　船が他の船舶と衝突したとき，直ちに行わなければならない措置及
　　び注意事項を4つあげよ。

（四）　直径22mmのワイヤロープ（係数2.0）の安全使用力はいくらか。
　　ただし，安全使用力は破断力の$\frac{1}{6}$とする。

解答 1 ㈠　① 直立型，② 傾斜型，③ クリッパー型，④ 球状型

㈡　(1)　フレームの役目
　　　・甲板ビーム及びフロアーと共に，船体を形作る。
　　　・甲板ビーム及びフロアーを統合して，船の横強度を保つ。
　　　・甲板及びその上方の重量を支える。
　　　・外板のスチフナとして，水圧などの外力に対抗して外板を補強する。
　　(2)　ビルジキールは船体横揺れを減衰させる役目を持つ。船体の最も肥え
　　　た船体中央部に取り付けられる。

㈢　載貨容積トン数は船内の貨物積載のための区画の全容積を表すトン数で
　　40立方フィートを 1 トンとする。

㈣　(1)　チッピングハンマーやワイヤブラシ又はサンドペーパーなどを使用
　　　して，鋼材表面のさびを落とし，十分乾燥させた上で塗装する。
　　(2)・気温：塗装の塗りを滑らかにする高い気温のときがよい。
　　　・湿度：できるだけ乾燥しているときが塗面の乾きが早くてよい。
　　　・風の強さ：風のほとんどないときが塗りやすい。

解答 2 ㈠　(1)　・船の前後，左右，上下のいずれにも重量が片寄らない
　　　よう均等に積む。
　　　・貨物が移動しないように十分な荷敷や固縛を行う。
　　　・ばら積貨物にはシフティングボードを，液体貨物には制水板を設ける。
　　　・甲板積貨物にはカバー等をかけて，吸湿防止の措置をする。
　　(2)　自由水を少なくするために，できるだけ満タンか空タンクにする。
　　(3)　上甲板を清掃し，排水口付近の布きれやゴミを取り除き，良好な排水
　　　を保つ。

㈡　(1)　右図のように，一軸右回り
　　　船が，停止，舵中央として，機
　　　関を後進にかけた場合，船尾を
　　　左偏させる。
　　　　水中においては，プロペラの
　　　上部では，水の抵抗が小さく，
　　　プロペラの下部では，水の抵抗

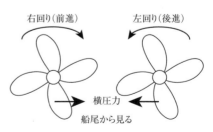

右回り（前進）　　　左回り（後進）

横圧力

船尾から見る

　　が大きい。このため，前進においては，横圧力により，船尾が右偏する
　　のに対し，後進では左偏する。
　　(2)　この横圧力はプロペラの水深が浅いほど顕著で，特にプロペラ上部が

　　露出している場合はプロペラ上部の反力が極めて小さくなるため，横圧
　　力は大きくなる。

㈢　⑴　投びょう予定地点に着く前に，両舷びょうは吊り下げて，ウィンド
　　　ラスのブレーキを緩めればいつでも投下出来る状態にしておくのが良い
　　　（コックドビルの状態及びスタンバイアンカーの状態）。

　　⑵　後進投びょう法では，びょう鎖を所定の長さまで伸出し止めると，い
　　　かりが海底を十分に掻いていれば，びょう鎖が一旦張って，今度はその
　　　反動で緩み始める。それとともに船首が風上に向かうように回頭してい
　　　く。

　　　　前進投びょう法では，びょう鎖を所定の長さまで伸出し止めると，い
　　　かりが海底を十分に掻いていれば，びょう鎖が張った状態で船首がびょ
　　　う鎖の伸出方向に向かうように回頭していく。

解答 3　㈠　⑴　南高北低型（日本南部に高圧部が，北に低圧部が分布し
　　ている。）

　　⑵　夏季

　　⑶　小笠原高気圧

　　⑷　日本付近は小笠原高気圧に覆われ，等圧線に沿って南から暖かく湿っ
　　た海洋性の空気が入り込み，快晴で蒸し暑い日が多くなる。

㈡　⑵

㈢　台風の来襲の前兆　以下より５つをあげる。

・長大なうねりが現れる。

・気圧が降下し始める。

・風が強くなる。

・巻雲が現れ，次第に巻積雲，巻層雲が広がってくる。

・海鳴りがする。

・朝焼け，夕焼けの色が異常に赤くなる。

解答 4　㈠　⑴　向かい波を受ける場合（２択）

・スラミングにより船首船底部が損傷を受けることがある。

・海水の打ち上げにより甲板上構造物が損傷を受けることがある。

・打ち上げた海水が甲板上に滞留した場合，復原力を減少させることが
　ある。

・ピッチングによりプロペラの空転が発生し，プロペラや機関に悪影響

を与えることがある。

(2) 追い波を受ける場合（2択）
・プープダウンにより，船尾甲板上に大量の海水が打ち上げられ，復原力を減少したり，甲板上の構造物を破損させることがある。
・ブローチングにより，船体が急激に回頭させられ船体が波間に横たわることがある。
・横波を受ける状況になれば横揺れが大きくなり，倉内の貨物の移動を誘発し，横傾斜が大きくなって転覆の危険を生じることがある。
【参考】読んでわかる三級航海運用編

(二) 文字や字句の訂正・削除をするときは原字体がわかるように線を引いて訂正し，責任者の印を押す。

(三) 衝突したとき，直ちに行わなければならない措置：
1．沈没など急迫した危険があるかどうか，適確に状況判断を行う。
2．必要があれば，直ちに人命救助や船体の保全のために応急処置をとる。
3．沈没のおそれがある時は，遭難信号，遭難通信で付近を航行している船舶及び近くの海上保安部へ救助を求める。
4．沈没のおそれや航海に支障が無い時は，互いに人命，船舶，積荷の救助に必要な手段を尽くす。
5．海上保安庁や船主などの関係各所へ，衝突の事実，互いの船舶の名称，船舶所有者，船籍港，仕出し港，仕向港を連絡する。
6．衝突時及び前後の状況などを可能な限り多くの事項（衝突時刻・衝突角度・衝突箇所・船首方位・衝突位置など）を記録しておく。

衝突時の注意事項を4つ：
1．衝突直後は，直ちに機関停止させ，後進をかけない。
2．衝突後，両船が離れると衝突による破口から浸水して，沈没のおそれがあるような時は，そのまま衝突状態を保つ。
3．沈没のおそれがあれば，素早く救助対策を立てる。
4．沿岸航行中に衝突して，沈没のおそれがある時は，浅瀬または海岸まだ可能な限り低速で進行し，座礁させる。
5．海上保安庁や船主などの関係各所へ，衝突の事実，互いの船舶の名称，船舶所有者，船籍港，仕出し港，仕向港を連絡する。
6．衝突時及び前後の状況などを可能な限り多くの事項（衝突時刻・衝突角度・衝突箇所・船首方位・衝突位置など）を記録しておく。

(四) ① 破断力の算出

　ワイヤーロープの直径を d とし，その破断力を B とすると

　　破断力（B）=（d/8）^{2}×係数である。

　直径22ミリ，係数2.0のワイヤーロープの破断力は，

　　B =（22/8）^{2}×2.0 = 15.125トンである。

② 安全使用力（W）は破断力の 1／6 であるから

　W = B × 1／6 = 15.125÷6 = 2.5208　　　　　　　　　**答**　2.5トン

2021年10月　定　期

運用に関する科目

（配点　各問100，総計400）

≪2時間30分≫

問題 1　(一)　鋼船の船体の構造に関する次の文の 　　　 内にあてはまる語句を，番号とともに記せ。

　　　鋼船の船体は，キールに直角な方向に一定間隔にフレームを置き，左右両舷のフレームの上端を (1) により連結し，この上に (2) が張られる。

　　　外板は船首から船尾にかけて左右両舷のフレームの外側に張られており，張られている箇所により３つに大別すると，上から順次，ⅰ(3) ，船側外板，船底外板と呼ばれる。

　　　船底外板の湾曲部（ビルジ外板）には，船体の横揺れを軽減するため (4) が取り付けられる。

　(二)　載貨重量トン数を説明せよ。

　(三)　鋼船の外板で海藻類や貝類などが多く付着しやすいのは，水線部付近のほかどのような箇所があるか。２つあげよ。また，水線部付近の外板の手入れは，どのように行うか。

問題 2　(一)　船のトリムに関する次の問いに答えよ。

　(1)　船首トリム（おもてあし）で航行する場合の短所を２つ述べよ。

　(2)　船尾トリム（ともあし）が大きすぎる状態で航行するとどのような支障があるか。３つ述べよ。

　(3)　等喫水（ひらあし）にするのがよいのはどのような場合か。

　(二)　旋回圏に関する用語について述べた次の文にあてはまるものを，下のうちから選べ。

　　　「舵（かじ）をとったときの原針路から，180°回頭したときまでの船体重心の横移動距離をいう。」

　(1)　旋回横距　　(2)　旋回径　　(3)　最大横距　　(4)　最終旋回径

　(三)　船首いかりは，びょう泊に利用するほか，操船上どのようなことに利用するか。４つあげよ。

問題 3　(一)　右図は，日本付近における地上天気図の一部で，いくつかの天気図記号を省略したものである。次の問いに答えよ。

(1) **ア**及び**イ**は何か。また，それぞれの天気図記号を示せ。

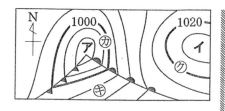

(2) ㋕，㋖及び㋗の各地点における概略の風向を記せ。また，これらの３地点のうち，風が最も強いと考えられるのはどこか。記号で示せ。

(二) 霧を，発生する原因によって分けると，どのような種類の霧があるか。３つあげよ。

(三) 気象観測に関する次の問いに答えよ。

(1) 船上で気圧を測定するには，通常，何という測定機器を用いるか。

(2) 風速とは，観測時刻前何分間の平均風速のことをいうか。

問題4 (一) 航行中，荒天準備をする場合，どのような箇所を閉鎖しなければならないか。４つあげよ。

(二) 航海日誌の記入に際しては，特にどのような点に注意しなければならないか。

(三) 船の乗揚げ事故発生の原因として，一般にどのようなことが考えられるか。６つあげよ。

(四) 直径22mm のナイロンロープ（係数1.0）の安全使用力はいくらか。ただし，安全使用力は破断力の$\frac{1}{6}$とする。

解答 1 (一) (1) ビーム，(2) 甲板，(3) 舷側厚板，(4) ビルジキール

(二) 載貨重量トンとは満載重量と軽貨重量との差で，その船に積載できる貨物等の最大限の重量を表すトン数である。

(三) 付着箇所（２つ解答）:

・機関室付近の外板

・栄養分を含んだ排水や温水を出す調理室のスカッパー付近の外板

・長期停泊した場合，日光の当たる海側の外板

水線部付近の外板の手入れ:

入渠時の上架した際に，外板についた汚れ（海藻類・貝類等）を高圧清水で掃除し，下地処理として，落としきれなかった汚れや塗膜面の浸食や剥離及び発錆部をディスクサンダーなどの工具を使ってよく落とし平滑化を行う。

その後，下塗り（錆止め塗装）及び上塗り（B/T（水線）塗装）を行う。

解答 2　㈠　⑴　船首トリムにすることによって，次の不具合が生じる。以下から2つあげる。

- プロペラの水深が浅くなり，推進効率が低下し速力が出ない。
- 舵板の一部が水面に露出すると，舵効が低下し保針性が悪くなる。
- 荒天時，プロペラが空転し機関故障のおそれがある。
- 荒天時，船首部から海水が打ち込み，船首甲板上の構造物を破損するおそれがある。

　㈡　⑵　過大な船尾トリムによって，次の不具合が生じる。以下から3つあげる。

- 荒天時，スラミングによって，船底外板が損傷するおそれがある。
- 向かい強風の中を航行する場合，船首部分に風圧を受け，航行が困難になる。
- 船首が風浪により風下に落とされ，操船が困難になる。
- 荒天追い波の場合，後方からの波が打ち込みやすくなり，船尾構造物を破損するおそれがある。
- 船首方向の死角が大きくなって，前方の見張りに支障が出る。

　　⑶　等喫水にするのは，次の場合である。

- 水深が喫水に対してあまり余裕のない河川や浅い海域を航行する場合。
- ドライドックに入れる場合。

㈡　答　⑷

㈢　（4つ解答）

- 狭い水域で小さく回頭したいときに使用する。回頭したい側のいかりを投下し，その点を中心に回頭する。
- 真っすぐ後退したいとき，いかりを引きずりながら機関後進とし，船首の振れを抑える。
- 着岸時，岸壁から適当に離れた地点に投びょうすることにより，離岸時，びょう鎖を巻き込むことによって船首を確実に離すことができる。
- 機関後進だけでは停止できないとき，投びょうして短距離で停止させる。
- 船尾づけで着岸する場合，船首の固定として使用する。

解答 3　㈠　⑴　ア：温帯低気圧・記号「L」，イ：高気圧・記号「H」

　　⑵　㋕：南東，㋖：南西，㋗：東，3地点のうち最も風の強い地点は等圧線間隔が最も狭い㋕である。

㈡　以下から３つを解答する。

　　①　移流霧　　　②　前線霧　　　③　蒸気霧　　　④　放射霧（輻射霧）

㈢　⑴　アネロイド気圧計，⑵　10分間

解 答 4　㈠　（４つ解答）

・船外に通じる風雨密扉及び扉　　　・機関室天窓

・通風筒　　　　　　　　　　　　　・タンクの空気管，測深管

・窓，舷窓　　　　　　　　　　　　・ハッチ，載貨門

㈡　航海日誌は船舶の航泊を問わず一切の出来事を記録する日誌である。記入に際しては次に注意する。

・記事は書式に従って簡単明瞭に，時系列に従い記載する。

・重要事項については良く吟味してから記入する。

・字句の訂正・削除には，原字がわかるように線を引いて訂正し，記載者が押印する。

・各ページを裂いたり切り取ったりしてはならない。

㈢　乗揚げには以下の原因が考えられる（６択）。

　　・船位の確認を頻繁に行っていなかった。

　　・船位測定の際の物標の誤認や，コンパスエラーを修正していなかった。

　　・見張りが不十分であった。

　　・水路通報や航行警報による海図の改補が不十分であった。

　　・浅瀬付近の水路調査が不十分で，航路の選定が不適切であった。

　　・気象（視界や風）・海象（海流や潮流）に対する注意が不十分であった。

　　・風や潮流による圧流に対して，針路を適切に修正しなかった。

　　・測深が励行されていなかった。

㈣　①　破断力の算出

　　ナイロンロープの直径をｄとし，その破断力をＢとすると

　　　破断力（B）＝（d/8）^{2}×係数である。

　　直径22ミリ，係数1.0のナイロンロープの破断力は，

　　　B＝（22/8）^{2}×1.0＝7.5625トンである。

　　②　安全使用力（W）は破断力の１/６であるから

　　　W＝B×1/6＝7.5625÷6＝1.260　　　　　　　　**答**　1.26トン

2022年2月　定期

運用に関する科目

(配点　各問100，総計400)

〈2時間30分〉

問題1　(一)　鋼船の船体の主要部分に関する次の問いに答えよ。

　(1)　船首の形状にはどのようなものがあるか。2つあげよ。

　(2)　船尾材（船尾骨材）はどのような形状をしているか。1例を図示せよ。

(二)　船の容積から算出して表すトン数を2つあげよ。

(三)　鋼船の外板で海藻類や貝類などが多く付着しやすい箇所は，どの付近か。3つあげよ。

(四)　鋼船の入渠作業中，酸素欠乏のおそれのあるタンクに入る場合の注意事項として，誤っているものは次のうちどれか。

　(1)　タンクに入る前には，マンホールを開いて換気を十分に行う。

　(2)　タンクに入る前には，酸素濃度の測定を行う。

　(3)　タンクの外には，看視員をたてる。

　(4)　タンクに入るときには，防毒マスクをつける。

問題2　(一)　海上が静穏であっても大角度の転舵をすると船が転覆することがあるが，それはどのような原因によるものと考えられるか。

(二)　船の喫水標（ドラフトマーク）の一部を描き，次の(1)及び(2)の位置を示せ。

　(1)　3m05cm　　　　　　　　　(2)　4m20cm

(三)　固定ピッチプロペラの一軸右回り船（総トン数300トン）が，港口から接近し下図に示すように右舷横付け係留しようとする場合の操船方法に関する次の問いに答えよ。ただし，風及び潮流の影響はないものとする。

　(1)　岸壁に対してどのような角度で接近すればよいか。

　(2)　係留位置の近くに来てからは，なるべく機関を後進に使用しないようにするのはなぜか。

　(3)　係留位置の近くに来たとき，行きあしが過大な場合は，どのようにするか。

問題 3　㈠　日本付近に現れる高気圧の圏内では，風はどのように吹いているか。また，高気圧の圏内では一般に天気がよいのはなぜか。

㈡　地上天気図に描かれる，前線を伴った温帯低気圧の形状の１例を図示せよ。

㈢　次の(1)～(3)の天気記号（日本式）は，それぞれ何を表すか。

　(1)　⊗　　　　　　　　(2)　①　　　　　　　　(3)　◎

㈣　アネロイド気圧計の示度を正しく読むためには，どのような注意が必要か。２つあげよ。

問題 4　㈠　荒天が予想されるとき，船舶が次の(1)及び(2)の場合には，それぞれどのような措置が必要か。

　(1)　びょう泊中　　　　　　　　　(2)　岸壁係留中

㈡　沿岸航行中，船が浅瀬に乗り揚げた場合，直ちに機関を後進にかけるのは一般によくないといわれるが，なぜか。

㈢　ワイヤロープを使用する場合，切断の原因になると考えられることを３つあげよ。

解答 1　㈠　(1)　船首形状（２つ解答）

　直立型，傾斜型，球状型，クリッパー型，スプーン型

(2)　船尾骨材（１つ解答）

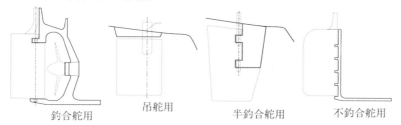

　　釣合舵用　　　　吊舵用　　　　半釣合舵用　　　　不釣合舵用

㈡　総トン数，純トン数

【参考】トン数には容積を表すものと重量を表すものがある。重量トンには，載貨重量トンなどがある。

㈢　海藻やふじつぼは，暖かく，栄養のある外板に付着する。

・機関室付近の外板

・栄養分を含んだ温水を出す調理室のスカッパー付近の外板

・長期停泊をした場合，太陽の当たる海側の外板

㈣　(4)　【参考】酸素欠乏の恐れのあるタンクに入るには自蔵式呼吸具等が必要である。防毒マスクをしても意味がない。

解答 2　㈠　トップヘビーの状態で復原力が小さいときに大角度の転舵をした場合。また，高速力で航走中，急激に大角度の転舵をした場合など。

㈡　(1)　3 m05cm　　　　　　　　　　　(2)　4 m20cm

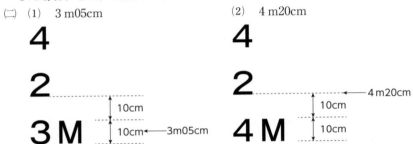

㈢　(1)　右舷係留では，岸壁に対してできるだけ平行に接近する。
　(2)　右舷係留では，係留位置付近で機関を後進にかけると，船尾が大きく左に振れて岸壁から離れ係留が困難になる。
　(3)・機関を後進にかけ，同時に左舷びょうを投下する。
　　・いかりと機関が効いて行きあしが落ちたところで，フォワードスプリングを取り，行きあしを止める。

解答 3　㈠　風の吹き方：高気圧の中心から周囲に向かって時計回りに風が吹き出す。
　　　天気がよい理由：高気圧内では下降気流のため空気は安定しており，雲はできにくい。したがって，天気はよい。
㈡　次図のとおりである。

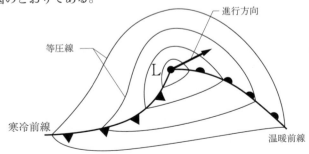

（三）　(1)　雪　　(2)　晴れ　　(3)　曇り

（四）　①　ガラス面を指で軽くたたいて, 指針が固着していないことを確かめる。

　　　②　目盛り板に対して目と指針が垂直になるようにして1/10ヘクトパスカルの位まで読み取る。

解　答　4　（一）　(1)　①　びょう鎖を十分に伸出する。

　　　②　単びょう泊中であれば, 他舷びょうを1〜2節伸出して振れ止めいかりとする。

　　(2)　①　係留索を増掛けするか, バイトにして補強する。

　　　②　岸壁と船体が接触する部分にフェンダーを配置する。

（二）・船底に岩などが食い込んで破口を生じている場合, 後進機関によって破口を拡大させて, 浸水を増大させる場合がある。

　　・機関を後進にかけることで船尾が振れ, 船尾を乗り揚げたり, 舵やスクリュープロペラを破損することがある。

　　・後進操船の難しさにより再座礁の恐れがある。

　　・機関をかけることにより海底の砂や泥をかき上げ, 機関の冷却系統にそれらが吸入され, 機関の運転を不能にさせることがある。

（三）　（3つ解答）

　　・使用荷重がワイヤーロープの破断力を超えて使用したとき。

　　・ハッチコーミングなどに, ワイヤーロープが過度に擦れたとき。

　　・キンクがあるロープを使用したとき。

　　・耐用年数を超えて使用したとき。

　　・ロープに不規則な荷重を連続して与えるようなとき。

2022年4月　定期

運用に関する科目

(配点　各問100，総計400)

〈2時間30分〉

問題1　(一)　鋼船の次の(1)及び(2)の部材の配置と役目を述べよ。

(1)　ビーム　　　　　　　　(2)　船尾材（船尾骨材）

(二)　排水トン数〔排水量〕を説明せよ。

(三)　鋼船の入渠中又は上架中に行う点検のうち，次の(1)及び(2)について
は，特にそれぞれどのような箇所のどのような状況について調べる必
要があるか。

(1)　船首部外板の外面　　　　　(2)　舵

問題2　(一)　復原力について述べた次の(A)と(B)の文について，それぞれ
の正誤を判断し，下の(1)～(4)のうちからあてはまるものを選べ。

(A)　復原力は，GM（横メタセンタ高さ）が減少すると増加する。
(B)　復原力が減少すると，横揺れ周期が長くなる。

(1)　(A)は正しく，(B)は誤っている。　(2)　(A)は誤っていて，(B)は正しい。
(3)　(A)も(B)も正しい。　　　　　　(4)　(A)も(B)も誤っている。

(二)　固定ピッチプロペラの一軸右回り船が機関を使用した場合につい
て，次の問いに答えよ。

(1)　プロペラが回転するとき，上下の羽根が受ける水の抵抗の差は船
尾を偏向させる原因の1つであるが，これを何の作用というか。

(2)　停止中，舵を中央として機関を後進にかけると，(1)の作用は船尾
を右舷又は左舷のどちらへ偏向させるか。理由とともに述べよ。

(三)　広い水域で風や潮流を船尾から受けている場合に単びょう泊すると
きには，どのように投びょうすればよいか。投びょう法の経過を示す
略図を描き，機関の使用状況もあわせて述べよ。

問題3　(一)　夏季，日本付近に最も多く現れる地上天気図型（気圧配置
上からの分類）は夏型以外に何型と呼ばれるか。また，この型の場合
における日本の天気の特徴を述べよ。

(二)　温暖前線及び寒冷前線に関する次の問いに答えよ。

(1)　これらの前線が通過する場合の雨の降り方には，一般にそれぞれ

どのような特徴があるか。

(2)　寒冷前線が通過する場合：

　(ア)　風の吹き方には，どのような特徴がみられるか。

　(イ)　風向については，通過前と通過後とではどのような相違があるか。

㈢　次の(1)〜(3)は雲の特徴について述べたものである。枠内の(ア)〜(エ)から適合する雲を選びそれぞれ記号で答えよ。〔解答例：(4)—(オ)〕

(1)　白っぽいベール状の雲で，日のかさ，月のかさを生じるが，太陽や月の輪郭が不明になることはない。

(2)　暗い灰色の，ほとんど一様な雲で，雲底が低い。全天を覆い，雨や雪を降らせることが多い。いわゆる雨雲である。

(3)　垂直に著しく発達した雲で，雲頂が上層雲の高さに達している。ひょう，あられや大粒の雨を激しく降らせたり，雷を伴うことがある。入道雲と呼ばれるのはこの雲である。

| (ア)　乱層雲 | (イ)　積乱雲 | (ウ)　高積雲 | (エ)　巻層雲 |

問題4　㈠　洋上を航行中，荒天のため目的港への航走を続けることが困難となった場合，天候が回復するまでの間，船の安全を保つために行われる「ちちゅう法」とはどのような方法か。

㈡　航行中の見張りについて，夜間，特に注意しなければならない事項を3つあげよ。

㈢　浸水防止及び防水設備に関する次の問いに答えよ。

(1)　浸水を早期発見するために，平素から行わなければならない事項を2つあげよ。

(2)　船舶に設置されている防水設備を3つあげよ。

㈣　ワイヤロープの破断力を表す略算式を示せ。

解答1　㈠　(1)　ビームは甲板下において両舷フレームの上端と連結され，甲板上の加重を支え，フレームと共に船形を保つ横強力材である。

(2)　配置：キールの後端に立ってシューピースでキールに接合されている。

　　役目：左右の外板を結合して，船尾の形状を形成して船尾端を強くするとともに，舵・プロペラを支える。

㈡　排水トン数（排水量）とは，船体が浮上したとき，水面下の船体が排除

　　した海水の重さを表す量であり，そのときの船体総重量に等しい。船体内
　　にある貨物や燃料の保有量が変化すると，排水トン数も変化する。

（三）（1）　船首部外板の外面の点検
　　　　・船首上部外板：いかり作業や岸壁との接触による損傷状況
　　　　・船首船底部：波浪の衝撃などによる損傷状況
　　　　・船首部外板の全般：腐食状況やペイントの剥離状態
　　　　・保護亜鉛板の脱落及び衰耗状況
　　　（2）　舵の点検
　　　　・舵針（ラダーピントル），つぼ金（ラダーガジョン），碁石（ヒール
　　　　　ディスク）等の摩耗状況
　　　　・舵板の損傷状況
　　　　・保護亜鉛板の脱落及び衰耗状況

解答 2　（一）　答：(2)
　　　　(A)の GM（横メタセンター高さ）が減少すると，復原力は減少するか
　　　ら誤りである。
　　　　(B)の復原力が減少すると，横揺れ周期は長くなるので正しい。

（二）（1）　横圧力
　　　（2）　一軸右回り船が機関を後進にかけ
　　　　ると左回転となるので，プロペラの
　　　　横圧力の作用は前進回転の場合と反
　　　　対になり，船尾を左舷（船首を右舷）
　　　　に偏向させる。

（三）　広い海域で船尾から風潮流を受けて
　　　　いる場合，予定びょう地を回り込み風
　　　　下から接近し投びょうするように計画
　　　　すると良い。

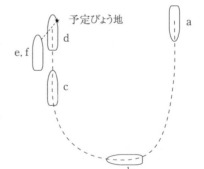

　　　　a．予定びょう地を越え風下側に進
　　　　　出し，回頭して風上に向首する。
　　　　b．回頭する位置は，喫水等の自船の運動性能を考慮した位置とする。
　　　　c．回頭後，喫水等の自船の運動性能に従い減速する。反転後は，風潮
　　　　　流を船首から受けているので，通常より減速しやすいことに留意し，
　　　　　予定錨地で，船体が停止するようにする。
　　　　d．びょう地に達したならば，機関を後進として投びょうする。船首か

　　ら風潮流を受けているので，機関を後進にかけ過ぎてはならない。
　　早めに機関停止とし，風潮流による後進に任せるのも良い。
　e．びょう鎖伸出中は常に後進速力を監視する。後進速力が過大である
　　ようならば機関を前進とし，後進速力を減じる。
　f．予定びょう鎖が伸出したならば，揚びょう機のブレーキをかけ，い
　　かり掻きを確認する。いかり掻きが十分であると判断したならば，
　　びょう鎖にストッパーをかけ，機関終了とする。

解答 3　㈠　型の呼称：南高北低型
　天気の特徴：等圧線は東西に近く延び気圧傾度は小さい。弱い南東の季節
風が吹く。日本全域で高温多湿で好天が続く。
㈡　・温暖前線通過時：しとしととした雨（地雨性）が降る。
　　・寒冷前線通過時：にわか雨（しゅう雨性）が降る。
　⑵　ア　突風性の風が吹く。
　　　イ　寒冷前線通過前は南西，通過後は北西に急変する。
㈢　⑴―エ　　　　⑵―ア　　　　⑶―イ

解答 4　㈠　ちちゅう法（heave to）舵効を失わない程度の最小の速力とし，
波浪を船首から斜め 2〜3 点に受けてその場に留まり荒天に対処する方法
である。前進力が維持できることにより波浪に対する姿勢を保持すること
ができ，風下側への圧流も小さいため風下側に十分な余裕水域が無い場合
でも有効である。しかし，船首の波による衝撃，海水の打ち込みを防ぐこ
とはできない。
㈡　夜間における見張りの注意事項（3 択）。
　　・船橋内を暗くし，暗所に目を十分慣らしておく。
　　・船内の灯光を船外に出さない。
　　・レーダーを長時間見ない。
　　・海図室の照明はできるだけ最小限にし，頻繁に海図室に入らない。
　　・レーダー及び肉眼（双眼鏡）の双方で見張りを行う。
㈢　⑴　早期発見
　　①　機関室，舵機室，貨物室等から見える船底を定期的に巡視し，漏水
　　　の有無を確認する。
　　②　各所の船底のビルジを定期的に計測して，変化に留意する。
　　③　喫水，船体傾斜，動揺周期等の変化に留意する。

　(2)　船首隔壁，機関室前後隔壁，船尾隔壁，二重底構造

㈣　ワイヤロープの直径を D〔mm〕，係数を k とすると，破断力 B〔t〕は次式で与えられる。

$$B = k \left(\frac{D}{8} \right)^2$$

2022年 7月　定　期

運用に関する科目

（配点　各問100，総計400）

〈2 時間 30 分〉

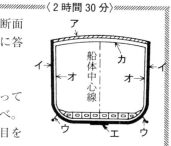

問題 1　(一)　右図は，鋼船の船体中央部の断面図の大要を示したものである。次の問いに答えよ。

(1)　ア～カの名称をそれぞれ記せ。

(2)　船体の縦強度を保つための部材となっているものを，ア～カのうちから 2 つ選べ。

(3)　ア及びオは，それぞれどのような役目をするか。

(二)　載貨重量トン数を説明せよ。

(三)　鋼船が入渠してドライドックの排水が終わった後，二重底タンク等の栓（ボトムプラグ）は，通常どのようにするか。

問題 2　(一)　旋回圏に関する用語について述べた次の文にあてはまるものを，下のうちから選べ。

「舵をとったときの船体重心点から，90° 回頭したときの船体重心点までの原針路上の進出距離をいう。」

(1)　旋回横距　　(2)　旋回縦距　　(3)　最大横距　　(4)　最大縦距

(二)　スクリュープロペラの回転によって生じる横圧力に関する次の問いに答えよ。

(1)　固定ピッチプロペラの一軸右回り船が停止の状態から舵中央として機関を後進にかけた場合，横圧力の作用は船尾をどちら舷に偏向させるか。

(2)　横圧力の作用は，船尾喫水が深くプロペラ羽根が完全に水面下に没している場合と，船尾喫水が浅くプロペラ羽根の上部が水面上に露出している場合とでは，どちらが強く現れるか。

(三)　船の喫水標（ドラフトマーク）の一部を描き，次の(1)及び(2)の位置を示せ。

(1)　2 m 90 cm　　　　　　　　(2)　4 m 25 cm

(四)　船を小回りに回頭させるとき，いかりを利用するほうがよいのはど

のような場合か。例を2つあげよ。また，この場合にびょう鎖はどの
くらい伸ばすのがよいか。

[問題]3　(一)　日本付近において，次の(1)～(4)をもたらす高気圧の名称を，
それぞれ記せ。

(1)　秋雨前線　　　　(2)　三寒四温　　　　(3)　小春びより

(4)　真夏の好天気

(二)　北半球の洋上において，台風圏内にある甲船と乙船が次のように風
と気圧を観測した。甲，乙両船はそれぞれ台風圏内のどの部分にいるか。

甲　船：風が次第に強くなり，風向は右回りに変わり，気圧が下がる。

乙　船：風が次第に強くなり，風向はほとんど変わらないで，気圧
が下がる。

(三)　風向・風速計がない場合に，海面の状況を見て概略の風向と風力を
知るには，どのようにすればよいか。

[問題]4　(一)　船が他の船舶と衝突したとき，直ちに行わなければならな
い措置または注意事項を4つあげよ。

(二)　荒天時の操船法について述べた次の(A)と(B)の文について，それぞれ
の正誤を判断し，下の(1)～(4)のうちからあてはまるものを選べ。

(A)　舵（かじ）の効く程度に機関を前進微速とし，船首2～3点から風浪
を受けるように操船する方法をちちゅう法という。

(B)　船尾2～3点から風浪を受けて，荒天区域から逃れることを
順走法という。

---

(1)　(A)は正しく，(B)は誤っている。(2)　(A)は誤っていて，(B)は正しい。

(3)　(A)も(B)も正しい。　　　　　　(4)　(A)も(B)も誤っている。

(三)　油タンカーにおいて，火災，爆発事故を防止するため，次の(1)及び
(2)についてはそれぞれどのような注意が必要か。2つずつ述べよ。

(1)　喫煙場所　　　　　　　(2)　ギャレーストーブ（調理用）の使用

(四)　直径20mmのナイロンロープ（係数1.0）の安全使用力はいくらか。
ただし，安全使用力は破断力の$\frac{1}{6}$とする。

[解答]1　(一)(1)　ア：甲板　イ：外板　ウ：ビルジキール　エ：キール
オ：フレーム　カ：ビーム

(2)　ア，イ，エ

(3)　アの甲板の役目

　　① 船の縦強度を保つ。② 甲板上の荷重を支える。③ 船内の水密を保つ。

　　オのフレームの役目

　　① 船の横強度を保つ。

　　② ビームの両端を支えて甲板上の荷重を支える。

　　③ 外板を張る受材となり，海水の側圧や外力により外板が変形しない
　　　ように支える主要材である。

㈡　載貨重量トンとは満載重量と軽貨重量との差で，その船に積載できる貨
　物等の最大限の重量を表すトン数である。

㈢　造船所または船主のどちらが取り外した船底栓を保管するのかを明確に
　し，場所を明記して他と混同しないように区別して保管する。船齢が進む
　と船底栓が緩んでくる場合もある。相当に緩みがある場合は，新替する。

解 答 2　㈠　(2)　旋回縦距

㈡　(1)　右図のように，一軸右回り
　　　船が，停止，舵中央として，機
　　　関を後進にかけた場合，船尾を
　　　左偏させる。

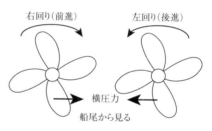

右回り(前進)　　左回り(後進)

横圧力

船尾から見る

　　　　水中においては，プロペラの
　　　上部では，水の抵抗が小さく，
　　　プロペラの下部では，水の抵抗
　　が大きい。このため，前進においては，横圧力により，船尾が右偏する
　　のに対し，後進では左偏する。

　(2)　この横圧力はプロペラの水深が浅いほど顕著で，特にプロペラ上部が
　　　露出している場合はプロペラ上部の反力が極めて小さくなるため，横圧
　　　力は大きくなる。

㈢　(1)　2 m90cm　　　　　　　　　　(2)　4 m25cm

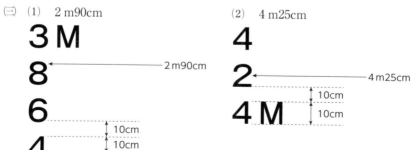

㈣　以下の場合に利用した方が良い。以下から２つ解答する。
　① 泊地が狭く回頭するのに十分な広さがない場合
　② 風潮流を船尾から受けて入港して，船首を風潮に立てようとする場合
　③ 出船で着岸するため，岸壁付近で回頭する場合
　また，伸ばすびょう鎖量は水深の1.5倍程度とする。

解答 3　㈠　高気圧の名称
　(1)　移動性高気圧　　　(2)　シベリア高気圧　　　(3)　移動性高気圧
　(4)　小笠原高気圧

㈡　甲船：台風の右半円側で台風の中心よりも前にいることが考えられる。
〈参考：風が次第に強くなる，気圧が下がる→台風の中心よりも前にいる。
風向は右回りに変わる→右半円にいる。〉
　　乙船：台風の進路上にいることが考えられる。【参考】風が次第に強く
なる，気圧が下がる→台風の中心よりも前にいる。風向はほとんど変わら
ない→進路上にいる。

㈢　風向：海面上の風浪の進行方向をコンパスで測定する。この場合，うね
　　　　　りの方向を測定してはいけない。うねりと風浪の風向とは一致しな
　　　　　いことがある。
　　風速：海面の状況から気象庁の風力階級表を参考にして決める。

解答 4　㈠　衝突したとき，直ちに行わなければならない措置：
　1．沈没など急迫した危険があるかどうか，適確に状況判断を行う。
　2．必要があれば，直ちに人命救助や船体の保全のために応急処置をとる。
　3．沈没のおそれがある時は，遭難信号，遭難通信で付近を航行している
　　船舶及び近くの海上保安部へ救助を求める。
　4．沈没のおそれや航海に支障が無い時は，互いに人命，船舶，積荷の救
　　助に必要な手段を尽くす。
　5．海上保安庁や船主などの関係各所へ，衝突の事実，互いの船舶の名称，
　　船舶所有者，船籍港，仕出し港，仕向港を連絡する。
　6．衝突時及び前後の状況などを可能な限り多くの事項（衝突時刻・衝突
　　角度・衝突箇所・船首方位・衝突位置など）を記録しておく。
　衝突時の注意事項を４つ：
　1．衝突直後は，直ちに機関停止させ，後進をかけない。
　2．衝突後，両船が離れると衝突による破口から浸水して，沈没のおそれ

があるような時は，そのまま衝突状態を保つ。

　3．沈没のおそれがあれば，素早く救助対策を立てる。

　4．沿岸航行中に衝突して，沈没のおそれがある時は，浅瀬または海岸まだ可能な限り低速で進行し，座礁させる。

　5．海上保安庁や船主などの関係各所へ，衝突の事実，互いの船舶の名称，船舶所有者，船籍港，仕出し港，仕向港を連絡する。

　6．衝突時及び前後の状況などを可能な限り多くの事項（衝突時刻・衝突角度・衝突箇所・船首方位・衝突位置など）を記録しておく。

(二)　答　(3)

　　ちちゅう法は，船首2〜3点に風を受け，順走法は船尾2〜3点に風を受ける操船方法であり，いずれも正しい。よって「AもBも正しい」(3)が答えである。

(三)　(1)　以下からから2つ選んで解答する。

　　・許可された場所でのみ喫煙する。所定の場所にはその旨を表示する。

　　・水入りの灰皿を使用する。

　　・その場所を離れるときはタバコが消えていることを確認する。

　(2)・原油，ガソリン等引火性液体類の荷役中やタンククリーニング中に，調理用ストーブを使用しない。

　　・ストーブの火の粉が煙突から出ないように，煙突に火の粉防止の金網を被せる。

(四)　①　破断力の算出

　　ナイロンロープの直径をdとし，その破断力をBとすると

　　破断力（B）＝（d/8）^{2}×係数である。

　　直径20ミリ，係数1.0のナイロンロープの破断力は，

　　B＝（20/8）^{2}×1.0＝6.25トンである。

　②　安全使用力（W）は破断力の1/6であるから

　　W＝B×1/6＝6.25÷6＝1.042　　　　　　　　　　　答　1.04トン

2022年10月　定期

運用に関する科目

（配点　各問100，総計400）

〈2時間30分〉

問題1　㈠　船の一般配置図に関する次の問いに答えよ。

（1）　どのような図面か。

（2）　どのような内容が記載されているか。３つあげよ。

㈡　鋼船の次の(1)及び(2)の部材の役目を述べよ。

（1）　フレーム　　　　　　　　　（2）　ビルジキール

㈢　船のトン数に関する次の問いに答えよ。

（1）　貨物等の最大積載量を表すために用いられるトン数の種類を１つ記せ。

（2）　水上に浮かぶ船が排除する水の重量〔質量〕と等しいトン数で表したものを何というか。

㈣　鋼船の船体の手入れについて，上甲板などの塗装箇所の補修塗り（タッチアップ）は，どのような手順で行うか。

問題2　㈠　航海中，船の復原力の減少をできるだけ防止するため，次の(1)～(3)については，それぞれどのような注意が必要か。

（1）　貨物の積付け

（2）　油タンク内の油又は清水タンク内の清水

（3）　上甲板の排水口

㈡　次の(1)及び(2)の場合に大舵角をとると，どのような危険を生じるおそれがあるか。理由とともに述べよ。

（1）　荒天航行中，変針しようとする場合

（2）　潮流の速い狭い水道を航行中，変針しようとする場合

㈢　船が単びょう泊する場合の投びょう法に関する次の問いに答えよ。

（1）　投びょう予定地点に着く前に，いかりは，あらかじめどのような状態としておくのがよいか。

（2）　いかりが海底を十分にかいたかどうかは，どのようにして知るか。

問題3　㈠　右図は，日本付近における地上天気図の一部である。次の問いに答えよ。

（1）　この天気図型は何型か。

(2) この型はどの季節に多く見られるか。

(3) 図の高気圧名を記せ。

(4) A 付近の風向を記せ。

(5) 日本海側と太平洋側との天気の違いを記せ。

（二） 霧の発生原因を説明した次の文のうち，放射霧（ふく射霧）について述べたものはどれか。

(1) 海面上の冷たい安定な空気が，海面からの急激に蒸発する水蒸気の補給を受けて飽和して生じる。

(2) 冷たい海面上に湿った空気が流れてきて，下方から冷却されて生じる。

(3) 丘に囲まれた港内などで風のない晴れた夜間，地面が著しく冷却するとき地表面に接する空気が冷やされて生じる。

(4) 高温の水蒸気が前線付近の寒気によって冷却されて生じる。

（三） 気象観測に関する次の問いに答えよ。

(1) 船上で気圧を測定するには，通常，何という測定機器を用いるか。

(2) 風速とは，観測時刻前何分間の平均風速のことをいうか。

問題 4 （一） 航海当直に関する次の問いに答えよ。

(1) 夜間，目の暗順応についてはどのような注意が必要か。2つ述べよ。

(2) 霧のために視界不良のとき，他船の音響信号やその他の音響を聞き逃さないようにするためには，どのような注意が必要か。2つ述べよ。

（二） 洋上を航行中，荒天のため目的港への航走を続けることが困難となった場合，天候が回復するまでの間，船の安全を保つために行われる次の(1)及び(2)の方法を説明せよ。

(1) ちちゅう法 (2) 順走法

（三） 航行中，人が海中に落ちたとき，その直後に次の(1)及び(2)を防止するため，どのようなことをしなければならないか。

(1) プロペラによる転落者の負傷 (2) 転落者を見失うこと。

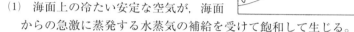
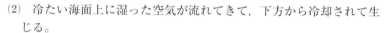

解答 1 （一） (1) 一般配置図とは甲板毎の平面図と縦断面図で構成され，各施設の配置が記載された図面である。

　(2)　次の配置が記載されている。以下から 3 つ解答。
　　　・甲板配置
　　　・各甲板における諸設備
　　　・業務室（船橋や機関室）配置
　　　・居室（船室や客室）配置
　　　・船首垂線，船尾垂線，船体中央位置
　　　・フレーム及びその間隔
　　　・隔壁配置
　　　・船倉配置
　　　・タンク配置
　　　・マストや荷役設備配置
　　　・救命艇配置，救命いかだ配置
㈡　(1)　フレームの役目
　　　・甲板ビーム及びフロアーと共に，船体を形作る。
　　　・甲板ビーム及びフロアーを統合して，船の横強度を保つ。
　　　・甲板及びその上方の重量を支える。
　　　・外板のスチフナとして，水圧などの外力に対抗して外板を補強する。
　(2)　ビルジキールは船体横揺れを減衰させる役目を持つ。船体の最も肥えた船体中央部に取り付けられる。
㈢　(1)　載貨重量トン数　　(2)　排水トン数
㈣　上甲板等の塗装箇所の補修塗り（タッチアップ）：
　　塗装対象箇所について，清水洗いにより塩分を除去し，下地処理（ディスクサンダー，チッピングハンマー，ワイヤーブラシなどを用いて錆を落として，平滑化する）を十分に行い，十分に乾燥させてから塗装を行う。

解答 2　㈠　(1)　・船の前後，左右，上下のいずれにも重量が片寄らないよう均等に積む。
　　　・貨物が移動しないように十分な荷敷や固縛を行う。
　　　・ばら積貨物にはシフティングボードを，液体貨物には制水板を設ける。
　　　・甲板積貨物にはカバー等をかけて，吸湿防止の措置をする。
　(2)　自由水を少なくするために，できるだけ満タンか空タンクにする。
　(3)　上甲板を清掃し，排水口付近の布きれやゴミを取り除き，良好な排水を保つ。
㈡　(1)　荒天中大舵角をとると船体が大きく傾き，この時に横波を受けると

　　傾きが更に大きくなり，なかなか戻らないので転覆の危険がある。
　⑵　潮流の激しいところで大舵角をとると回頭が速く大きくなって，舵を
　　中央に戻したり反対舷にとっても，潮流のために船首の回頭がとまらな
　　くなり，陸岸に乗揚げや他船と衝突する危険がある。
㈢　⑴　投びょう予定地点に着く前に，両舷びょうは吊り下げて，ウィンド
　　ラスのブレーキを緩めればいつでも投下出来る状態にしておくのが良い
　　（コックドビルの状態及びスタンバイアンカーの状態）。
　⑵　後進投びょう法では，びょう鎖を所定の長さまで伸出し止めると，い
　　かりが海底を十分に掻いていれば，びょう鎖が一旦張って，今度はその
　　反動で緩み始める。それとともに船首が風上に向かうように回頭してい
　　く。
　　　前進投びょう法では，びょう鎖を所定の長さまで伸出し止めると，い
　　かりが海底を十分に掻いていれば，びょう鎖が張った状態で船首がびょ
　　う鎖の伸出方向に向かうように回頭していく。

解答 3　㈠　⑴　西高東低型（冬型）
　⑵　冬季
　⑶　シベリア高気圧
　⑷　北西〜北北西
　⑸　日本海側の天気は雨雪で北西風が吹き，太平洋側の天気は晴れで冷た
　　い乾燥した北西風が吹く。
㈡　⑶【解説】⑴　蒸発霧，⑵　移流霧（夏季，三陸沖から北海道の東岸
　　に発生する），⑷　前線霧
㈢　⑴　アネロイド気圧計，⑵　10分間

解答 4　㈠　⑴　目の暗順応には次の点を注意する（2択)。
　　・航海士の自室から船橋までの通路を常夜灯のみとする。
　　・船橋内を暗く保つため，計器などの照明を最小に設定する。
　　・船窓から灯火を漏らさないようにする。
　　・海図室はある程度の明るさがあるので，入室は必要最小限に留める。
　⑵　視界不良時の音響信号の聴取には次の点を注意する（2択)。
　　・船橋ウイングでの見張りに重点を置き，音響に注意する。
　　・船橋の風下側の扉や窓を開放し，音響に注意する。
　　・船内はできるだけ静粛にする。

(二)　(1)　ちちゅう法：舵効を失わない程度の最小の速力とし，波浪を船首から斜め2〜3点に受けて荒天に対処する方法である。前進力が維持できることにより波浪に対する姿勢を保持することができ，風下側への圧流も小さいため風下側に十分な余裕水域が無い場合でも有効である。しかし，波による船首への衝撃や海水の打ち込みがある。

　(2)　順走法：波浪を斜め船尾に受け，追われるように航走する方法をいう。船体が受ける波の衝撃が最も弱く相当の速力を保持できるため，荒天の中心から積極的に脱出するような場合に使用する。ただし，保針性が悪く，船尾からの波の打ち込みを起こす場合がある。

(三)　(1)・落下舷に舵を一杯に取り，キックを利用して船尾を転落者から遠ざける。

　・直ちに機関を停止する。

　(2)・自己発煙信号及び自己点火灯付き救命浮環を転落者の方向へ投下する。

　・見張員を増やし，マスト等の高所にも配置する。

　・夜間は探照灯により海面を照らして見張る。

2023年 2月　定　期

運用に関する科目

（配点　各問100，総計400）

〈2時間30分〉

問題1　㈠　下図は，船舶の船首の形状を示したものである。①～④に示す形状の名称を番号とともに答えよ。

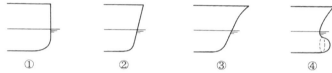

①　　　　②　　　　③　　　　④

㈡　鋼船の次の(1)及び(2)の部材の配置と役目を述べよ。
(1)　キール　　　　　　　　(2)　船尾材（船尾骨材）

㈢　鋼船の外板で海藻類や貝類などが多く付着しやすいのは，水線部付近のほかどのような箇所があるか。2つあげよ。また，水線部付近の外板の手入れは，どのように行うか。

問題2　㈠　他船と接近して，ほぼ平行に追い越すか又は行き会う場合，吸引，反発等の相互作用によって危険に陥り衝突することがある。この作用について述べた次の文のうち，誤っているものはどれか。
(1)　2船間の距離が小さいほど，相互作用は大きくなる。
(2)　行き会う場合より追い越す場合の方が，相互作用の影響を多く受ける。
(3)　2船の速力が小さいほど，相互作用は大きくなる。
(4)　水深の浅い水域では，相互作用は大きくなる。

㈡　船のトリムに関する次の問いに答えよ。
(1)　船首トリム（おもてあし）で航行する場合の短所を2つ述べよ。
(2)　船尾トリム（ともあし）が大きすぎる状態で航行するとどのような支障があるか。3つ述べよ。
(3)　等喫水（ひらあし）にするのがよいのはどのような場合か。

㈢　投びょうするとき及び揚びょうするとき，びょう鎖の切断事故を防止するための注意事項をそれぞれについて述べよ。

問題3　㈠　右図は，日本付近における地上天気図の一部で，いくつかの天気図記号を省略したものである。次の問いに答えよ。

(1)　**ア**及び**イ**は何か。また，そ
れぞれの天気図記号を示せ。

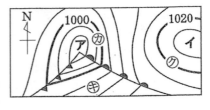

(2)　⑭，⑮及び⑯の各地点にお
ける概略の風向を記せ。また，
これらの3地点のうち，風が
最も強いと考えられるのはど
こか。記号で示せ。

(二)　次の(1)〜(3)の天気記号（日本式）を記せ。

(1)　快　晴　　　　　　　　(2)　雷　　　　　　　　(3)　曇

(三)　霧について述べた次の(A)と(B)の文について，それぞれの<u>正誤を判断</u>
<u>し</u>，下の(1)〜(4)のうちからあてはまるものを選べ。

> (A)　空気中に十分な水蒸気があり，それが凝結するまで空気を冷
> 却すれば霧粒（微小な水滴）ができる。
> (B)　気象観測では，空中に浮かんだ無数の霧粒によって，地表付
> 近の水平視程が1km未満となった場合を霧と呼んでいる。

(1)　(A)は正しく，(B)は誤っている。　(2)　(A)は誤っていて，(B)は正しい。
(3)　(A)も(B)も正しい。　　　　　　(4)　(A)も(B)も誤っている。

[問題] 4　(一)　船が荒天の洋上を航行中，次の(1)及び(2)の場合には，それ
ぞれどのような危険を生じるおそれがあるか。2つずつあげよ。

(1)　向かい波を受ける場合　　　　　(2)　追い波を受ける場合

(二)　航海日誌の記入中に書き誤りをしたときは，どのように処理しなけ
ればならないか。

(三)　船内火災に関する次の問いに答えよ。

(1)　火災の発生を防止するため，日常，どのような注意が必要か。4
つあげよ。

(2)　火災の拡大を防ぐため，直接の消火作業のほかどのような対策を
講じるか。4つあげよ。

[解答] 1　(一)　① 直立型，② 傾斜型，③ クリッパー型，④ 球状型

(二)　(1)　配置：船体の最下部中央にあって，船首から船尾にかけ縦に貫通し
ている。
役目：船体の縦強度を保つ主要材である。

　（2）　配置：キールの後端に立ってシューピースでキールに接合されている。
　　　　　　役目：左右の外板を結合して，船尾の形状を形成して船尾端を強くす
　　　　　　　　　るとともに，舵・プロペラを支える。
（三）　付着箇所（2つ解答）：
　　　　・機関室付近の外板
　　　　・栄養分を含んだ排水や温水を出す調理室のスカッパー付近の外板
　　　　・長期停泊した場合，日光の当たる海側の外板
　　水線部付近の外板の手入れ：
　　　　　入渠時の上架した際に，外板についた汚れ（海藻類・貝類等）を高圧
　　　清水で掃除し，下地処理として，落としきれなかった汚れや塗膜面の浸
　　　食や剥離及び発錆部をディスクサンダーなどの工具を使ってよく落とし
　　　平滑化を行う。
　　　　　その後，下塗り（錆止め塗装）及び上塗り（B/T（水線）塗装）を行う。

解答 2　（一）　（3）【参考】2船間の速力が大きいほど相互作用は大きくなる。
（二）　（1）　船首トリムにすることによって，次の不具合が生じる。
　　　以下から2つあげる。
　　　　・プロペラの水深が浅くなり，推進効率が低下し速力が出ない。
　　　　・舵板の一部が水面に露出すると，舵効が低下し保針性が悪くなる。
　　　　・荒天時，プロペラが空転し機関故障のおそれがある。
　　　　・荒天時，船首部から海水が打ち込み，船首甲板上の構造物を破損する
　　　　　おそれがある。
　　（2）　過大な船尾トリムによって，次の不具合が生じる。以下から3つあげる。
　　　　・荒天時，スラミングによって，船底外板が損傷するおそれがある。
　　　　・向かい強風の中を航行する場合，船首部分に風圧を受け，航行が困難
　　　　　になる。
　　　　・船首が風浪により風下に落とされ，操船が困難になる。
　　　　・荒天追い波の場合，後方からの波が打ち込みやすくなり，船尾構造物
　　　　　を破損するおそれがある。
　　　　・船首方向の死角が大きくなって，前方の見張りに支障が出る。
　　（3）　等喫水にするのは，次の場合である。
　　　　・水深が喫水に対してあまり余裕のない河川や浅い海域を航行する場合。
　　　　・ドライドックに入れる場合。
（三）【投びょう時】

・投びょう前，いかりを水面近くまで（深海投びょうのときは，いかりを
　海底近くまで）おろしておく。
・投びょう後，過大な後進行きあしを与えない。
・びょう鎖伸出の際，適量を伸ばし急激にブレーキをかけない。
【揚びょう時】
・びょう鎖は急激にしかも無理やりに巻き込まない。
・前方に強く張っているときは，機関を少し前進にかけてびょう鎖をたる
　ませてから巻く。
・びょう鎖にねじれが生じたら，ねじれを取ってから巻き上げる。
・びょう鎖が船体に強く当たっていたり，ベルマウスで急激な角度を生じ
　ているときは，巻き上げを待つ。

解答 3　㈠　(1)　ア：温帯低気圧・記号「L」，イ：高気圧・記号「H」
　　(2)　㋕：南東，㋖：南西，㋗：東，３地点のうち最も風の強い地点は等圧
　　線間隔が最も狭い㋕である。
　㈡　(1)　快晴　○
　　(2)　雷　◖●◗
　　(3)　◎
　㈢　(3)　【解説】水平視程が１km 以上，10km 未満となった場合を「もや」
　　という。

解答 4　㈠　(1)　以下から２つをあげる。
　　①　船首部船底が波浪の衝撃を受けて損傷を生ずることがある。
　　②　海水が甲板に打ち上げて，復原力を減少させたり，甲板上の構造物
　　　を破損させることがある。
　　③　船体の上下動が大きいとプロペラが空転し，プロペラ軸や機関に悪
　　　影響を与え故障させることがある。
　　(2)　①　追い波により，甲板上に大量の海水が打ち上げ，復原力を減少さ
　　　せたり，甲板上の構造物を破損させることがある。
　　②　船体が急激に回頭させられたり，横波を受ける状況になれば横揺れ
　　　が大きくなって倉内の貨物の移動を誘発し，傾斜が大きくなり，転覆
　　　の危険を生じることがある。
　㈡　文字や字句の訂正・削除をするときは原字体がわかるように線を引いて
　　訂正し，責任者の印を押す。

(三)　(1)　火災発生の防止（4択）

・火気の取扱いや，後始末を確実に実施する。

・船内巡視を励行する。特に，火気作業が行われた場所にあっては，入念に点検する。

・油のついた布切れなどの自然発火し易い物の保管に注意する。

・電線の腐食状況に注意し，漏電のないようにする。

・爆発物，可燃物，発火物等の取扱いに注意する。

・喫煙場所を定める。

・乗組員の防火に対する教育及び訓練（操練）を実施する。

(2)　火災拡大の防止（4択）

・火災現場の周囲の開口部を密閉して空気の流通を止め，可燃物を除去する。

・火災現場の周囲の甲板や隔壁に放水して，周囲から冷却する。

・火災現場に通ずる電路を遮断する。

・航海中であれば，火元を風下にして停船させる。

・停泊中であれば，通報し又火災警報を行い陸上からの援助を要請する。

2023年 4 月　定　期

運用に関する科目

（配点　各問100，総計400）

〈2 時間 30 分〉

問題 1　㈠　鋼船の船体の主要部分に関する次の問いに答えよ。
　⑴　船首の形状にはどのようなものがあるか。2 つあげよ。
　⑵　船尾材（船尾骨材）はどのような形状をしているか。1 例を図示せよ。
㈡　次の⑴及び⑵のトン数を説明せよ。
　⑴　排水トン数〔排水量〕　　　　　　　　⑵　載貨容積トン数
㈢　船のチェーンロッカーに関する次の問いに答えよ。
　⑴　チェーンロッカー内は，腐食が激しいが，なぜか。
　⑵　入渠中の手入れは，一般にどのように行うか。

問題 2　㈠　船体の安定について述べた次の㈠と㈡の文について，それぞれの正誤を判断し，下の⑴〜⑷のうちからあてはまるものを選べ。

> ㈠　船がボットムヘビーの状態であれば，船の横揺れはゆっくりである。
> ㈡　重心の位置が低いタンクの自由水は，復原力に影響しない。

　⑴　㈠は正しく，㈡は誤っている。　⑵　㈠は誤っていて，㈡は正しい。
　⑶　㈠も㈡も正しい。　　　　　　　⑷　㈠も㈡も誤っている。

㈡　船体の旋回運動に関する次の問いに答えよ。
　⑴　次の文の□□□内にあてはまる語句を，記号とともに記せ。
　　旋回の初期において，船体は舵圧の横方向の作用のため，転舵舷と　(ア)　側へ押し出される。このときの重心の原進路からの横偏移量を　(イ)　といい，舵角，速力が　(ウ)　ほど大きくなる。これは操船上ほとんど問題とならないが，船尾端の振出し量（船尾　(イ)　）は重心の横偏移量よりも大きくなる。
　⑵　⑴の船尾端の振出しは，操船上，どのように利用されるか。2 つあげよ。
㈢　固定ピッチプロペラの一軸右回り船を，岸壁に横付けする場合の操船に関する次の問いに答えよ。ただし，風及び潮流等の影響はないも

のとする。
　⑴　右舷横付けの場合と左舷横付けの場合とでは，次の㋐及び㋑については，一般的な操船上，それぞれどのような違いがあるか。
　　㋐　船首方向と岸壁との角度
　　㋑　岸壁間近に接近したときの前進行きあし
　⑵　⑴のような違いがあるのはなぜか。

問 題 3　㊀　冬季，日本付近に最も多く現れる地上天気図型（気圧配置上からの分類）は「冬型」以外に何型と呼ばれるか。また，この型の場合における日本の天気の特徴を述べよ。
　㊁　次の⑴〜⑶の天気記号（日本式）を記せ。
　　⑴　晴　　　　　　　　⑵　雷　　　　　　　　⑶　雪
　㊂　霧を，発生する原因によって分けると，どのような種類の霧があるか。3つあげよ。

問 題 4　㊀　洋上を航行中，荒天のため目的港への航走を続けることが困難となった場合，天候が回復するまでの間，船の安全を保つためには，どのような方法をとればよいか。2つの方法をあげ，それぞれについて説明せよ。
　㊁　沿岸航行中，視界不良になったときの処置を6つあげよ。
　㊂　ワイヤロープを使用する場合，切断の原因になると考えられることを3つあげよ。

解 答 1　㊀　⑴　船首形状（2つ解答）
　　直立型，傾斜型，球状型，クリッパー型，スプーン型
　⑵　船尾骨材（1つ解答）

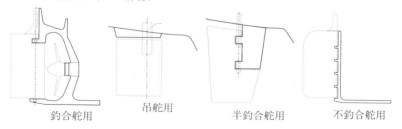

釣合舵用　　　　吊舵用　　　　半釣合舵用　　　　不釣合舵用

㊁　⑴　排水トン数（排水量）とは，船体が浮上したとき，水面下の船体が排除した海水の重さを表す量であり，そのときの船体総重量に等しい。

船体内にある貨物や燃料の保有量が変化すると，排水トン数も変化する。

(2)　載貨容積トン数は船内の貨物積載のための区画の全容積を表すトン数で40立方フィートを１トンとする。

(三)　(1)　① チェーンロッカーは，入渠時のほかは常にびょう鎖が格納されているので，手入れが行き届かない。

② びょう鎖の使用で，ロッカー内は海底の泥や海水の湿気があるうえ，通風が悪くて腐食が促進される。

(2)　びょう鎖全てを渠底に繰り出してチェーンロッカー内を清掃し，水洗いして十分乾かし，腐食部分は錆打して錆止塗料を塗り，その後ピッチ系の塗料で全体を塗っておく。

解答 2　(一)　ボトムヘビーの状態では船の横揺れ周期は短くなるので，A は誤りである。

Bのタンクの自由水は垂心の位置に関係なく復原力を低下させるので誤りである。

したがって，正答は「(4)の A も B も誤っている」である。

(三)　旋回運動

(1)　(ア)　反対，(イ)　キック，(ウ)　大きい

(2)　船尾振出しの操船への利用

① 航行中，海中転落者発生時に，転落した舷に転舵すると，転落者の推進器への巻き込みを回避する。

② 船首方向の障害物を回避するために，障害物が船首を回避した後，反対側に転舵して，船尾の障害物との接触を回避する。

(二)　(1)　(ア)　船首方向と岸壁との角度

・右舷横付け：岸壁にほぼ平行か平行に近い角度。

・左舷横付け：岸壁に対して約20度ぐらいの角度をもたせる。

(イ)　前進行きあし

・右舷横付け：できるだけ前進行きあしを小さくする。

・左舷横付け：右舷横付けよりいくらか大きい行きあしを持たせる。

(2)　固定ピッチプロペラの一軸右回り船が行きあしを止めるために機関を後進にかけると，スクリュープロペラの作用で船尾が左に振れる。したがって，右舷横付けの場合，接岸が困難となるので，機関を後進にかけなくても船体が停止するような態勢で接近する必要がある。左舷横付けの場合は，後進機関をかけることで角度をもって接岸すれば，丁度岸壁

に平行に停止できる。

解答 3　㈠　気圧配置の呼称：西高東低型
　　天気の特徴：　・等圧線はほぼ南北に走り，気圧傾度が大きい。
・シベリア高気圧から吹き出す北西の季節風が強く，日本に寒気をもたらす。
・その北西季節風によって，日本海側は吹雪や冷雨となり，太平洋側は乾燥した晴れの日が多くなる。
㈡　(1)　晴　Ⓘ　　(2)　雷　◖　　(3)　雪　⊗
㈢　以下から3つを解答する。
①　移流霧　　②　前線霧　　③　蒸気霧　　④　放射霧（輻射霧）

解答 4　㈠　天候の回復まで，次を実行する。以下から2つ解答。
・低気圧の中心から遠ざかるように針路をとる。
・風浪を船尾2〜3点に受けて航走（順走）するか，又は船首2〜3点に受けて航走（漂ちゅう）するかは，低気圧と本船の位置関係による。
・風浪を正横から受けると，動揺が非常に激しくなるので，避けなければならない。
・波の周期と船体動揺周期が同調しないような速力とする。これらが同調すると，船体が大傾斜する場合がある。
㈡　（6つ解答）
・視界の状況に応じ，速力を適度に減じる。
・航海灯を点灯する。
・霧中信号を実施する。また，他船の霧中信号を聴取するために，船橋のドアや窓は開け，できればウイングに出て霧中信号やその他の音に注意する。船内はできるだけ静かにする。
・レーダープロッティングを実施し，他船の監視を強化する。
・見張員やレーダー監視員を増員する。
・手動操舵とする。
・電波計器（レーダー，GPS等），航海計器により船位の確認に努める。
・霧情報の収集に努める。
㈢　（3つ解答）
・使用荷重がワイヤーロープの破断力を超えて使用したとき。
・ハッチコーミングなどに，ワイヤーロープが過度に擦れたとき。

・キンクがあるロープを使用したとき。
・耐用年数を超えて使用したとき。
・ロープに不規則な荷重を連続して与えるようなとき。

2023年 7月 定 期

運用に関する科目

（配点 各問100，総計400）

〈2時間30分〉

問題1 (一) 鋼船の船体の構造に関する次の文の[　　]内にあてはまる語句を，番号とともに記せ。

鋼船の船体は，キールに直角な方向に一定間隔にフレームを置き，左右両舷のフレームの上端を[(1)]により連結し，この上に[(2)]が張られる。

外板は船首から船尾にかけて左右両舷のフレームの外側に張られており，張られている箇所により3つに大別すると，上から順次，[(3)]，船側外板，船底外板と呼ばれる。

船底外板の湾曲部（ビルジ外板）には，船体の横揺れを軽減するため[(4)]が取り付けられる。

(二) 一般商船には，各フレームの位置を特定するためにフレーム番号が付けられているが，その基準となるのはどこか。また，その番号の付け方はどのようになっているか。

(三) 船底塗料に使用されるペイントの種類を2つあげよ。

(四) 鋼船の入渠作業中，酸素欠乏のおそれのあるタンクに入る場合の注意事項として，誤っているものは次のうちどれか。

(1) タンクに入る前には，マンホールを開いて換気を十分に行う。

(2) タンクに入る前には，酸素濃度の測定を行う。

(3) タンクの外には，看視員をたてる。

(4) タンクの入るときには，防毒マスクをつける。

問題2 (一) 海上が静穏であっても大角度の転舵をすると船が転覆することがあるが，それはどのような原因によるものと考えられるか。

(二) 船首いかりは，びょう泊に利用するほか，操船上どのようなことに利用するか。4つあげよ。

(三) 最短停止距離に関する次の問いに答えよ。

(1) 最短停止距離とは何か。

(2) 最短停止距離を知っておくことは，操船上どのような場合に利用できるか。例を1つあげよ。

(3)　同一船において，次の(ア)及び(イ)は最短停止距離にどのような影響を及ぼすか。

　　　(ア)　喫水の深さ　　　　　　　　　　(イ)船底の汚れ

問題 3　(一)　右図は，日本付近における地上天気図の1例である。次の問いに答えよ。

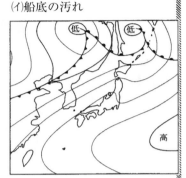

(1)　この天気図型は何型か。

(2)　この型はどの季節に多く見られるか。

(3)　図の高気圧名を記せ。

(4)　この型の場合における日本の天気の特徴を述べよ。

(二)　次の(1)及び(2)の天気記号（日本式）は，それぞれ何を表すか。

　　(1)　◒　　　　　　　　　(2)　◉

(三)　風向・風速計がない場合に，海面の状況を見て概略の風向と風力を知るには，どのようにすればよいか。

問題 4　(一)　航行中，荒天準備をする場合，どのような箇所を閉鎖しなければならないか。4つあげよ。

(二)　昼間航行中，当直航海士が海上に物標を発見し，船長にそのことについて報告する場合の要点を述べよ。

(三)　船の乗揚げ事故発生の原因として，一般にどのようなことが考えられるか。6つあげよ。

(四)　直径18mm のワイヤロープ（係数2.0）の安全使用力はいくらか。ただし，安全使用力は破断力の $\frac{1}{6}$ とする。

解答 1　(一)　(1)　ビーム，(2)　甲板，(3)　舷側厚板，(4)　ビルジキール

(二)　一般商船でのフレーム番号は，船舶の船尾垂線（AP：After perpendicular）を基準として，フレーム毎に番号がつけられる。番号は，船尾側を No. 0 として船首方向に向かい順番に No. 1，No. 2，No. 3と番号がつけられる。

　　また，船尾方向に向かっては No.a，No.b，No.c とつけられる。

(三)　①　1号船底塗料（A ／ C）　　②　2号船底塗料（A ／ F）

㈣　⑷　【参考】酸素欠乏の恐れのあるタンクに入るには自蔵式呼吸具等が必要である。防毒マスクをしても意味がない。

解答 2　㈠　トップヘビーの状態で復原力が小さいときに大角度の転舵をした場合。また，高速力で航走中，急激に大角度の転舵をした場合など。

㈡　（4つ解答）

・狭い水域で小さく回頭したいときに使用する。回頭したい側のいかりを投下し，その点を中心に回頭する。

・真っすぐ後退したいとき，いかりを引きずりながら機関後進とし，船首の振れを抑える。

・着岸時，岸壁から適当に離れた地点に投びょうすることにより，離岸時，びょう鎖を巻き込むことによって船首を確実に離すことができる。

・機関後進だけでは停止できないとき，投びょうして短距離で停止させる。

・船尾づけで着岸する場合，船首の固定として使用する。

㈢　⑴　最大航海速力で航走中，機関を後進全速とし，対水速力が0になるまでに船体が進出した距離をいう。

⑵　（1つ解答）

・相手船との安全距離の目安になる。

・入港操船において，防波堤や障害物との衝突回避のための距離の目安になる。

・着岸等の操船において，停止距離の目安になる。

⑶　㋐　喫水が深い（船体重量が大きい）と，最短停止距離を長くする。

㋑　船底の汚れは摩擦抵抗を大きくするため，最短停止距離を短くする。

解答 3　㈠　⑴　南高北低型（日本南部に高圧部が，北に低圧部が分布している。）

⑵　夏季

⑶　小笠原高気圧

⑷　日本付近は小笠原高気圧に覆われ，等圧線に沿って南から暖かく湿った海洋性の空気が入り込み，快晴で蒸し暑い日が多くなる。

㈡　⑴　◗　雷　　⑵　◉　霧

㈢　風向：海面上の風浪の進行方向をコンパスで測定する。この場合，うねりの方向を測定してはいけない。うねりと風浪の風向とは一致しないことがある。

風速：海面の状況から気象庁の風力階級表を参考にして決める。

解答 4　㈠　（4つ解答）
　　・船外に通じる風雨密扉及び扉　　・機関室天窓
　　・通風筒　　　　　　　　　　　　・タンクの空気管，測深管
　　・窓，舷窓　　　　　　　　　　　・ハッチ，載貨門

㈡　・物標の種類（大型船，漁船，又は漂流物等）
　　・物標の相対方位（左・右何点，正船首，正横等），及び距離
　　・物標の相対方位変化（右・左・船尾に変わる，船首を横切る等），及
　　　び距離変化（近づく，離れる，変化しない等）

㈢　乗揚げには以下の原因が考えられる（6択）。
　　・船位の確認を頻繁に行っていなかった。
　　・船位測定の際の物標の誤認や，コンパスエラーを修正していなかった。
　　・見張りが不十分であった。
　　・水路通報や航行警報による海図の改補が不十分であった。
　　・浅瀬付近の水路調査が不十分で，航路の選定が不適切であった。
　　・気象（視界や風）・海象（海流や潮流）に対する注意が不十分であった。
　　・風や潮流による圧流に対して，針路を適切に修正しなかった。
　　・測深が励行されていなかった。

㈣　① 破断力の算出
　　ワイヤーロープの直径をdとし，その破断力をBとすると
　　破断力（B）＝（d/ 8）^{2}× 係数である。
　　直径18ミリ，係数2.0のワイヤーロープの破断力は，
　　B＝（18/ 8）^{2}×2.0 =10.125トンである。
　② 安全使用力（W）は破断力の 1／6 であるから
　　W ＝ B×1／6 ＝ 10.125 ÷ 6 ＝ 1.6875　　　　　　　　　　　答　1.69トン

2023年10月　定　期

運用に関する科目

（配点　各問100，総計400）

〈2 時間 30 分〉

問題 1　(一)　船の一般配置図に関する次の問いに答えよ。

(1)　どのような図面か。

(2)　どのような内容が記載されているか。3つあげよ。

(二)　鋼船の次の(1)及び(2)の部材の役目を述べよ。

(1)　船首材　　　　　　　　　　(2)　ビーム

(三)　船上での塗装作業に関する次の問いに答えよ。

(1)　鋼材面に塗装するときの，下地（素地）の手入れについて述べよ。

(2)　塗装する時機としては，一般に，どのようなときがよいか。気温，湿度及び風の強さについて記せ。

問題 2　(一)　航海中に船の復原力が減少するのはどのような場合か。3つあげよ。また，復原力が減少すると，船の横揺れはどのように変わるか。

(二)　旋回圏に関する用語について述べた次の文にあてはまるものを，下のうちから選べ。

「転舵してから，一定の円運動をするようになったとき描く円の直径をいう。」

(1)　旋回横距　　(2)　最大横距　　(3)　旋回径　　(4)　最終旋回径

(三)　広い水域で風や潮流を船尾から受けている場合に単びょう泊するときには，どのように投びょうすればよいか。投びょうまでの経過を示す略図を描き，機関の使用状況もあわせて述べよ。

問題 3　(一)　日本付近に現れる高気圧の圏内では，風はどのように吹いているか。また，高気圧の圏内では一般に天気がよいのはなぜか。

(二)　右図は，日本付近に来襲する台風の主な経路3つを示したものである。次の問いに答えよ。

(1)　台風が①～③の経路（矢印方向）をとるのは，それぞれ何月頃が多いか。

　(2)　経路を示す線のうち，進行方向が大きく変わっているところを通常何というか。

　(3)　進行方向が大きく変わる前と後では，台風の進行速度は一般にどのように違うか。

(三)　雲について説明した次の文のうち，巻雲について述べたものはどれか。

　(1)　繊維状をした繊細な，はなればなれの雲で，陰影はなく，一般に白色で羽毛状，かぎ形，直線状となることが多い。

　(2)　灰色の層状の雲で，全天を覆うことが多いが，日のかさ，月のかさは生じない。

　(3)　垂直に発達した厚い雲で，その上面はドーム状に盛り上がり，雲底はほとんど水平である。

　(4)　白っぽいベール状の雲で，日のかさ，月のかさを生じるが，太陽や月の輪郭が不明になることはない。

問題 4　(一)　荒天が予想されるとき，船舶が次の(1)及び(2)の場合には，それぞれどのような措置が必要か。

　(1)　びょう泊中　　　　　　　　(2)　岸壁係留中

(二)　沿岸航行中，当直航海士は次直航海士にどのような事項を引き継ぐか。6つあげよ。

(三)　浸水防止及び防水設備に関する次の問いに答えよ。

　(1)　浸水を早期発見するために，平素から行わなければならない事項を2つあげよ。

　(2)　船舶に設置されている防水設備を3つあげよ。

解答 1　(一)　(1)　一般配置図とは甲板毎の平面図と縦断面図で構成され，各施設の配置が記載された図面である。

(2)　次の配置が記載されている。以下から3つ解答。

・甲板配置
・各甲板における諸設備
・業務室（船橋や機関室）配置
・居室（船室や客室）配置
・船首垂線，船尾垂線，船体中央位置
・フレーム及びその間隔

　　　・隔壁配置
　　　・船倉配置
　　　・タンク配置
　　　・マストや荷役設備配置
　　　・救命艇配置，救命いかだ配置
(二)　(1)　船首材の役目は以下のとおりである。
　　　・船首材は船首先端で左右の外板をまとめ，下端はキールに接続する。
　　　・通常の外板よりも厚く造られており，船首端における衝突等の衝撃を吸収し，船体を保護する。
　　　・船首を細くし，波の抵抗を減らす。
　　　(2)　ビームは甲板下において両舷フレームの上端と連結され，甲板上の加重を支え，フレームと共に船形を保つ横強力材である。
(三)　(1)　チッピングハンマーやワイヤブラシ又はサンドペーパーなどを使用して，鋼材表面のさびを落とし，十分乾燥させた上で塗装する。
　　　(2)・気温：塗装の塗りを滑らかにする高い気温のときがよい。
　　　・湿度：できるだけ乾燥しているときが塗面の乾きが早くてよい。
　　　・風の強さ：風のほとんどないときが塗りやすい。

解答 2　(一)　復原力の減少（GMの減少）の原因には，搭載物の荷揚げや自由水影響などがある。航海中に起こる原因としては次が考えられる。以下から3つあげる。
・二重底内にある燃料や清水の消費
・タンク内の液体やビルジによる自由水影響
・高緯度航行時の船体着氷
・荒天時の大量の海水の甲板への打ち込み
・スカッパーやフリーボートの整備不良による海水の残留
・ハッチ等からの海水の浸入
復原力が減少すると，横揺れ角度は大きくなり，横揺れ周期も大きくなる。
(二)　答　(4)
(三)　広い海域で船尾から風潮流を受けている場合，予定びょう地を回り込み風下から接近し投びょうするように計画すると良い。
　　　a．予定びょう地を越え風下側に進出し，回頭して風上に向首する。
　　　b．回頭する位置は，喫水等の自船の運動性能を考慮した位置とする。
　　　c．回頭後，喫水等の自船の運動性能に従い減速する。反転後は，風潮

流を船首から受けているので，通常より減速しやすいことに留意し，予定錨地で，船体が停止するようにする。

d．びょう地に達したならば，機関を後進として投びょうする。船首から風潮流を受けているので，機関を後進にかけ過ぎてはならない。早めに機関停止とし，風潮流による後進に任せるのも良い。

↓ 風潮流

e．びょう鎖伸出中は常に後進速力を監視する。後進速力が過大であるようならば機関を前進とし，後進速力を減じる。

f．予定びょう鎖が伸出したならば，揚びょう機のブレーキをかけ，いかり掻きを確認する。いかり掻きが十分であると判断したならば，びょう鎖にストッパーをかけ，機関終了とする。

解答 3 （一）　風の吹き方：高気圧の中心から周囲に向かって時計回りに風が吹き出す。

天気がよい理由：高気圧内では下降気流のため空気は安定しており，雲はできにくい。したがって，天気はよい。

（二）（1）　① 10月頃，② 9月頃，③ 7月頃

（2）　転向点

（3）　転向前で西進しているころは約20km/h で，転向点付近では速度がにぶり，転向後は次第に速度を増して30〜40km/h になる。

（三）（1）【参考】(2)　層雲，(3)　積乱雲，(4)　絹層雲

解答 4 （一）（1）　① びょう鎖を十分に伸出する。

② 単びょう泊中であれば，他舷びょうを1〜2節伸出して振れ止めいかりとする。

（2）　① 係留索を増掛けするか，バイトにして補強する。

② 岸壁と船体が接触する部分にフェンダーを配置する。

（二）　次を引き継ぐ。以下から6つ解答。

- ・針路
- ・速力
- ・船位
- ・航海計画とのずれ
- ・次の変針点とその予定時刻
- ・他船の動向
- ・気象・海象
- ・航海灯の点灯
- ・航海計器，機関の作動状態
- ・船長からの特別の指示事項

（三）　(1)　早期発見：

①　機関室，舵機室，貨物室等から見える船底を定期的に巡視し，漏水の有無を確認する。

②　各所の船底のビルジを定期的に計測して，変化に留意する。

③　喫水，船体傾斜，動揺周期等の変化に留意する。

(2)　船首隔壁，機関室前後隔壁，船尾隔壁，二重底構造

2024年 2月　定　期

運用に関する科目

（配点　各問100，総計400）

〈2時間30分〉

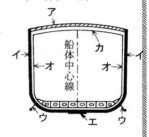

問題 1　(一)　右図は，鋼船の船体中央部の断面図の大要を示したものである。次の問いに答えよ。

(1)　ア～カの名称をそれぞれ記せ。

(2)　船体の縦強度を保つための部材となっているものを，ア～カのうちから2つ選べ。

(3)　ウ及びオは，それぞれどのような役目をするか。

(二)　載貨容積トン数を説明せよ。

(三)　鋼船の外板で海藻類や貝類などが多く付着しやすい箇所は，どの付近か。3つあげよ。

問題 2　(一)　航海中，船の復原力の減少をできるだけ防止するため，次の(1)～(3)については，それぞれどのような注意が必要か。

(1)　貨物の積付け

(2)　燃料油及び清水の消費

(3)　上甲板の排水口

(二)　喫水に対して水深の浅い（余裕水深の少ない）水域を航行する場合に現れる影響について述べた次の文のうち，誤っているものはどれか。

(1)　船体が沈下しトリムが変化する。　　(2)　速力が増加する。

(3)　舵効きが低下する。　　　　　　　(4)　旋回性能が低下する。

(三)　固定ピッチプロペラの一軸右回り船を，岸壁に横付けする場合の操船に関する次の問いに答えよ。ただし，風及び潮流等の影響はないものとする。

(1)　右舷横付けの場合と左舷横付けの場合とでは，次の(ア)及び(イ)については，一般的な操船上，それぞれどのような違いがあるか。

(ア)　船首方向と岸壁との角度

(イ)　岸壁間近に接近したときの前進行きあし

(2)　(1)のような違いがあるのはなぜか。

問題3 （一） 温暖前線及び寒冷前線に関する次の問いに答えよ。
　（1）　これらの前線が通過する場合の雨の降り方には，一般にそれぞれどのような特徴があるか。
　（2）　寒冷前線が通過する場合：
　　　㋐　風の吹き方には，どのような特徴がみられるか。
　　　㋑　風向については，通過前と通過後とではどのような相違があるか。
（二）　台風の来襲が近いとき，気象・海象上どのような前兆がみられるか。5つあげよ。
（三）　次の（1）〜（3）は雲の特徴について述べたものである。枠内の㋐〜㋓から適合する雲を選びそれぞれ記号で答えよ。〔解答例：（4）−㋔〕
　（1）　白っぽいベール状の雲で，日のかさ，月のかさを生じるが，太陽や月の輪郭が不明になることはない。
　（2）　暗い灰色の，ほとんど一様な雲で，雲底が低い。全天を覆い，雨や雪を降らせることが多い。いわゆる雨雲である。
　（3）　垂直に著しく発達した雲で，雲頂が上層雲の高さに達している。ひょう，あられや大粒の雨を激しく降らせたり，雷を伴うことがある。夕立雲と呼ばれるのはこの雲である。
　　　㋐　乱層雲　　　㋑　積乱雲　　　㋒　高積雲　　　㋓　巻層雲

問題4 （一）　洋上を航行中，荒天のため目的港への航走を続けることが困難となった場合，天候が回復するまでの間，船の安全を保つためには，どのような方法をとればよいか。2つの方法をあげ，それぞれについて説明せよ。
（二）　航海日誌の記入に際しては，特にどのような点に注意しなければならないか。
（三）　船が他の船舶と衝突したとき，直ちに行わなければならない措置または注意事項を4つあげよ。

解答1 （一）（1）　ア：甲板　イ：外板　ウ：ビルジキール　エ：キール
　　オ：フレーム　カ：ビーム
（2）　ア，イ，エ
（3）　ウ　ビルジキール：船体の横揺れを軽減する。
　　オ　フレーム：①　船の横強度を保つ。

　　② ビームの両端を支えて甲板上の荷重を支える。

　　③ 外板を張る受材となり，海水の側圧や外力により外板が変形しな

　　　いように支える主要材である。

㈡　載貨容積トン数は船内の貨物積載のための区画の全容積を表すトン数で

　40立方フィートを１トンとする。

㈢　海藻やふじつぼは，暖かく，栄養のある外板に付着する。

　　・機関室付近の外板

　　・栄養分を含んだ温水を出す調理室のスカッパー付近の外板

　　・長期停泊をした場合，太陽の当たる海側の外板

解答 2　　㈠　⑴　・船の前後，左右，上下のいずれにも重量が片寄らない

　よう均等に積む。

　　・貨物が移動しないように十分な荷敷や固縛を行う。

　　・ばら積貨物にはシフティングボードを，液体貨物には制水板を設ける。

　　・甲板積貨物にはカバー等をかけて，吸湿防止の措置をする。

　　⑵　自由水を少なくするために，できるだけ満タンか空タンクにする。

　　⑶　上甲板を清掃し，排水口付近の布きれやゴミを取り除き，良好な排水

　　を保つ。

㈡　⑵が誤りである。

　　船体抵抗が増加するので，船速が低下する。

　　【参考】　喫水に対して水深が浅い場合，船底へ流れ込む水流は船体側方

　　に向かって平面的に流れ，船体周りの水圧分布の様子を変える。前進航

　　行中であれば船首の水圧は高まり，船体中央付近では水圧が下がって流

　　れが速くなり，船尾付近では隙間を埋めるように流れる伴流によって再

　　び水圧が高くなる。この船体周りの水圧の分布は船型，船速，喫水，水

　　深により変化し水深が浅い水域（浅水域）では増速するにつれて船体中

　　央部の低圧部は船尾の方まで広がり，船体が沈下する。

㈢　⑴　㋐　船首方向と岸壁との角度

　　・右舷横付け：岸壁にほぼ平行か平行に近い角度。

　　・左舷横付け：岸壁に対して約20度ぐらいの角度をもたせる。

　　㋑　前進行きあし

　　・右舷横付け：できるだけ前進行きあしを小さくする。

　　・左舷横付け：右舷横付けよりいくらか大きい行きあしを持たせる。

　　⑵　固定ピッチプロペラの一軸右回り船が行きあしを止めるために機関を

後進にかけると，スクリュープロペラの作用で船尾が左に振れる。したがって，右舷横付けの場合，接岸が困難となるので，機関を後進にかけなくても船体が停止するような態勢で接近する必要がある。左舷横付けの場合は，後進機関をかけることで角度をもって接岸すれば，丁度岸壁に平行に停止できる。

解答 3　㈠　(1)　・温暖前線通過時：しとしととした雨（地雨性）が降る。
　　　　　　　　・寒冷前線通過時：にわか雨（しゅう雨性）が降る。
　　　(2)　ア　突風性の風が吹く。
　　　　　イ　寒冷前線通過前は南西，通過後は北西に急変する。
㈡　台風の来襲の前兆　以下より５つをあげる。
　・長大なうねりが現れる。
　・気圧が降下し始める。
　・風が強くなる。
　・巻雲が現れ，次第に巻積雲，巻層雲が広がってくる。
　・海鳴りがする。
　・朝焼け，夕焼けの色が異常に赤くなる。
㈢　(1)─エ　　　　(2)─ア　　　　(3)─イ

解答 4　㈠　天候の回復まで，次を実行する。以下から２つ解答。
　・低気圧の中心から遠ざかるように針路をとる。
　・風浪を船尾２～３点に受けて航走（順走）するか，又は船首２～３点に受けて航走（漂ちゅう）するかは，低気圧と本船の位置関係による。
　・風浪を正横から受けると，動揺が非常に激しくなるので，避けなければならない。
　・波の周期と船体動揺周期が同調しないような速力とする。これらが同調すると，船体が大傾斜する場合がある。
㈡　航海日誌は船舶の航泊を問わず一切の出来事を記録する日誌である。記入に際しては次に注意する。
　・記事は書式に従って簡単明瞭に，時系列に従い記載する。
　・重要事項については良く吟味してから記入する。
　・字句の訂正・削除には，原字がわかるように線を引いて訂正し，記載者が押印する。
　・各ページを裂いたり切り取ったりしてはならない。

（三）　衝突したとき，直ちに行わなければならない措置：

1．沈没など急迫した危険があるかどうか，適確に状況判断を行う。

2．必要があれば，直ちに人命救助や船体の保全のために応急処置をとる。

3．沈没のおそれがある時は，遭難信号，遭難通信で付近を航行している船舶及び近くの海上保安部へ救助を求める。

4．沈没のおそれや航海に支障が無い時は，互いに人命，船舶，積荷の救助に必要な手段を尽くす。

5．海上保安庁や船主などの関係各所へ，衝突の事実，互いの船舶の名称，船舶所有者，船籍港，仕出し港，仕向港を連絡する。

6．衝突時及び前後の状況などを可能な限り多くの事項（衝突時刻・衝突角度・衝突箇所・船首方位・衝突位置など）を記録しておく。

衝突時の注意事項を4つ：

1．衝突直後は，直ちに機関停止させ，後進をかけない。

2．衝突後，両船が離れると衝突による破口から浸水して，沈没のおそれがあるような時は，そのまま衝突状態を保つ。

3．沈没のおそれがあれば，素早く救助対策を立てる。

4．沿岸航行中に衝突して，沈没のおそれがある時は，浅瀬または海岸まだ可能な限り低速で進行し，座礁させる。

5．海上保安庁や船主などの関係各所へ，衝突の事実，互いの船舶の名称，船舶所有者，船籍港，仕出し港，仕向港を連絡する。

6．衝突時及び前後の状況などを可能な限り多くの事項（衝突時刻・衝突角度・衝突箇所・船首方位・衝突位置など）を記録しておく。

2020年 4月 定 期

法規に関する科目

(配点 各問100, 総計300)

〈2 時 間〉

問題 1　海上衝突予防法に関する次の問いに答えよ。

(一)　狭い水道等において, 航行中の一般動力船と帆船が互いに接近し衝突するおそれがあるときは, 両船はそれぞれどのような航法をとらなければならないか。

(二)　互いに他の船舶の視野の内にある 2 隻の一般動力船が互いに進路を横切る場合において衝突するおそれがあるとき:

(1)　どちらの船舶が, 当該他の船舶の進路を避けなければならないか。

(2)　避航船は, やむを得ない場合を除き, どのような避航動作をとってはならないか。

(3)　保持船は, 避航船が衝突を避けるために十分な動作をとっていることについて疑いがあるとき, どのような信号を行わなければならないか。

(4)　保持船が(3)の信号を繰り返し行っても, なお避航船が避航動作をとっていないことが明らかになった場合は, 保持船はどのような動作をとることができるか。

(三)　下図(1)～(3)に示す灯火及び形象物は, それぞれどのような船舶のどのような状態を表すか。ただし, 図中の○は白灯, ◎は紅灯, ⊗は緑灯を, また, (3)は形象物を示す。

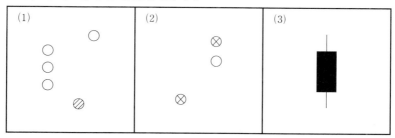

問題 2　(一)　海上交通安全法及び同法施行規則に関する次の問いに答えよ。

(1)　追越し船で汽笛を備えているものは，航路において他の船舶を追い越そうとするときは，どのような汽笛信号を行わなければならないか。

(2)　船舶が伊良湖水道航路をこれに沿って航行する場合は，どのような速力で，どのように航行しなければならないか。

(3)　来島海峡航路の潮流の流向を示す信号所の名称を3つあげよ。

㈡　港則法に関する次の問いに答えよ。

(1)　特定港に出入するのに航路によらなければならないのは，どのような船舶か。

(2)　航路を航行している船舶は，次の場合にはそれぞれどのような航法をとらなければならないか。

㈎　航路内において他の船舶と行き会う場合

㈏　航路内の前方を他の船舶が同航している場合

(3)　本法の規定によると，何人もみだりに使用してはならない灯火は，どのような灯火か。

問題3　㈠　次の信号を行っているのは，それぞれどのような船舶か。

(海上衝突予防法)

(1)　視界制限状態にある水域において2分を超えない間隔で長音2回を鳴らす汽笛信号

(2)　視界制限状態にある水域において1分を超えない間隔で急速に号鐘を約5秒間鳴らすとともにその直前及び直後に号鐘をそれぞれ3回明確に点打する信号

(3)　短音3回の汽笛を鳴らすと同時に，せん光を3回発する信号

㈡　次の(1)及び(2)の場合，船長はそれぞれどのようなことをしなければならないか。

(船員法)

(1)　船舶が狭い水路を通過する場合

(2)　船舶に急迫した危険がある場合

㈢　船員労働安全衛生規則に規定する「船内安全衛生委員会」は，誰が，どのような船舶に設けなければならないか。

㈣　海洋汚染等及び海上災害の防止に関する法律の用語の説明として，誤っているものは，次のうちどれか。

(1)　危険物とは，原油，液化石油ガスその他の政令で定める引火性の物質をいう。

(2)　廃棄物とは，人が不要とした物（油，有害液体物質等及び有害水

バラストを除く。）をいう。
(3)　排出とは，物を海洋に流し，又は落とすことをいう。
(4)　ビルジとは，船舶内にたまった有害液体物質をいう。

解答 1　(一)　一般動力船は，帆船の進路を避けなければならない。帆船は，狭い水道等の内側でなければ安全に航行することができない一般動力船の通航を妨げてはならない。　　　　　　（海上衝突予防法第 9 条第 2 項）

(二)　(1)　他の動力船を右げん側に見る動力船は，当該他の動力船の進路を避けなければならない。　　　　　　（海上衝突予防法第15条第 1 項）

(2)　保持船の船首方向を横切ってはならない。

（海上衝突予防法第15条第 1 項）

(3)　直ちに急速に汽笛による短音 5 回以上を吹鳴する警告信号を行わなければならない。この場合に急速にせん光 5 回以上を発することにより発光信号を行うことができる。　　　　（海上衝突予防法第34条第 5 項）

(4)　保持船は，直ちに避航船との衝突を避けるための動作をとることができる。ただし，この場合，保持船はやむを得ない場合を除き，針路を左に転じてはならない。　　　　　　（海上衝突予防法第17条第 2 項）

(三)　(1)　船舶その他の物件を引いている航行中の長さ50メートル以上の動力船で，えい航物件の後端までの距離が200メートルを超え，左げん側を見せている。　　　　　　（海上衝突予防法第24条第 1 項第 1 号）

(2)　トロールにより漁ろうに従事している長さ50メートル未満の船舶で，対水速力があり，右げん側を見せている

（海上衝突予防法第26条第 1 項）

(3)　航行中の喫水制限船　　　　　　（海上衝突予防法第28条）

解答 2　(一)　(1)

①　他船の右げん側を追い越そうとするときは，汽笛長音 1 回に引き続く短音 1 回。

②　他船の左げん側を追い越そうとするときは，汽笛長音 1 回に引き続く短音 2 回。　　　（海上交通安全法第 6 条，同法施行規則第 5 条）

(2)　航路全区間において，横断する場合を除き，対水速力12ノットを超えない速力で，できる限り，航路の中央から右の部分を航行しなければならない。　　　　　　（海上交通安全法第 5 条，同法第13条）

　　(3)　以下から３つ選ぶ。
　　　　①　来島長瀬ノ鼻潮流信号所
　　　　②　来島大角鼻潮流信号所
　　　　③　大浜潮流信号所
　　　　④　津島潮流信号所　　　　　　　　（海上交通安全法施行規則第９条）
㊁　(1)　汽艇等以外の船舶　　　　　　　　　　　　　　　（港則法第12条）
　　(2)　㋑　航路の右側を航行しなければならない。

　　　　　　　　　　　　　　　　　　　　　　　　　（港則法第14条第３項）

　　　　㋑　航路内においては，並列航行してはならず，また他の船舶を追い越
　　　　してはならない。　　　　　（港則法第14条第２項，第４項）
　　(3)　港内又は港の境界附近における船舶交通の妨げとなるおそれのある強
　　　力な灯火。　　　　　　　　　　　　　　　（港則法第36条第１項）

　解 答 **3**　㊀　(1)　航行中の対水速力を有しない動力船

　　　　　　　　　　　　　　　　　　　　　（海上衝突予防法第35条第３項）
　　(2)　乗り揚げている長さ100メートル未満の船舶

　　　　　　　　　　　　　　　　　　　　（海上衝突予防法第35条第10項）
　　(3)　互いに他の船舶の視野の内にあって機関を後進にかけている船舶

　　　　　　　　（海上衝突予防法第34条第１項第３号，第２項第３号）
㊁　(1)　甲板にあって自ら船舶を指揮しなければならない。

　　　　　　　　　　　　　　　　　　　　　　　　　　（船員法第10条）

　　(2)　人命の救助並びに船舶及び積荷の救助に必要な手段を尽くさなければ
　　　ならない。　　　　　　　　　　　　　　　　（船員法第12条）
㊂　船内安全衛生委員会は，船舶所有者が，船員が常時５人以上である船舶
　　に設けなければならない。　　　　（船員労働安全衛生規則　第１条の３）
㊃　答　(4)　**【参考】** ビルジ「船底にたまった油性混合物をいう。」
　　　　　（海洋汚染等及び海上災害の防止に関する法律第３条第12号）

2020年 7 月　定　期

法規に関する科目

（配点　各問100，総計300）

〈2　時　間〉

問題 1　海上衝突予防法に関する次の問いに答えよ。

(一)　船舶が，接近してくる他の船舶のコンパス方位に明確な変化が認められる場合においても，これと衝突するおそれがあり得ることを考慮しなければならないのは，どのような場合か。

(二)　狭い水道等における航法について：

(1)　狭い水道等をこれに沿って航行する船舶は，どのように航行しなければならないか。

(2)　船舶は，どのような場合に狭い水道等を横切ってはならないか。

(三)　(1)　2隻の一般動力船が，夜間，互いに他の船舶の両側のげん灯を見ながら接近する関係を何というか。

(2)　(1)の場合において，衝突するおそれがあるときは，各動力船はそれぞれどのような航法をとらなければならないか。

(四)　下図(1)～(3)に示す灯火及び形象物は，それぞれどのような船舶のどのような状態を表すか。ただし，図中の○は白灯，⦸は紅灯，⊗は緑灯を，また，(3)は形象物を示す。

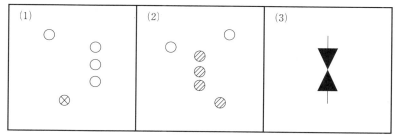

問題 2　(一)　港則法及び同法施行規則に関する次の問いに答えよ。

(1)　船舶が航路内で投びょうし，又はえい航している船舶を放すことが認められるのは，どのような場合か。3つ述べよ。

(2)　追越しが認められている特定港の航路内において他の船舶を追い越そうとする汽船は，追越し信号としてどのような信号を行わなけ

ればならないか。

(二) 海上交通安全法及び同法施行規則に関する次の問いに答えよ。

(1) 「進路を知らせるための措置」について：

(ｱ) 進路を他の船舶に知らせるため，信号による表示を行わなければならないのは，どのような船舶か。

(ｲ) (ｱ)の船舶は，進路の信号による表示をどのようなときに行わなければならないか。

(2) 航路をこれに沿って航行するとき，できる限り，その航路の中央から右の部分を航行しなければならない航路の名称を記せ。

問題 3 (一) 下の枠内は海上衝突予防法の規定である。□□□内に適合する語句を記号とともに記せ。

> 第8条第4項　船舶は，他の船舶との衝突を避けるための動作をとる場合は，他の船舶との間に ｱ な距離を保って ｲ することができるようにその動作をとらなければならない。この場合において，船舶は，その動作の ｳ を当該他の船舶が ｲ して十分に ｴ まで慎重に確かめなければならない。

(二) 船長は，発航前の検査義務の一部として，航海に必要な物品が積み込まれていること及び航海に必要な情報が収集されていることを確かめ，航海に支障がないかどうかを検査しなければならないが，これらの物品及び情報にはそれぞれどのようなものがあるか。

(船員法及び同法施行規則)

(三) 船員労働安全衛生規則の規定について述べた次の文のうち，正しいものはどれか。

(1) 少なくとも1年に1回，飲用水に含まれる遊離残留塩素の含有率についての検査を行わなければならない。

(2) 動力さび落とし機を使用する作業には年齢18年未満の船員は従事できない。

(3) 船内の燃料パイプ等の管系は，各社又は各船ごとに識別基準を定めて表示することができる。

(4) 発生した災害の原因の調査に関することは，衛生担当者の業務の1つである。

(四) 油記録簿を船内に備え付けることを要しないのは，どのような船舶か。

(海洋汚染等及び海上災害の防止に関する法律)

解答 1　　(一)　大型船舶若しくはえい航作業に従事している船舶に接近し，又は近距離で他の船舶に接近するときは，これと衝突するおそれがあり得ることを考慮しなければならない。　　　（海上衝突予防法第7条第4項）

(二)　(1)　安全であり，かつ，実行に適する限り，狭い水道等の右側端に寄って航行しなければならない。　　　（海上衝突予防法第9条第1項）

(2)　狭い水道等の内側でなければ安全に航行することができない他の船舶の通航を妨げることとなる場合。　　　（海上衝突予防法第9条第5項）

(三)　(1)　「行会い船」の関係　　　　（海上衝突予防法第14条第2項）

(2)　各動力船は，互いに他の動力船の左げん側を通過することができるように，それぞれ針路を右に転じなければならない。

（海上衝突予防法第14条第1項）

(四)　(1)　船舶その他の物件を引いている長さ50メートル以上の航行中の動力船で，えい航物件の後端までの距離が200メートルを超える船舶が右げん側を見せている。　　　（海上衝突予防法第24条第1項第1号）

(2)　航行中の喫水制限船。長さ50メートル以上で，対水速力があり，左げん側を見せている。　　　　　　（海上衝突予防法第28条）

(3)　漁ろうに従事している船舶

（海上衝突予防法第26条第1項第4号，第2項第4号）

解答 2　　(一)　(1)　以下から3つ選んで解答。

①　海難を避けようとするとき

②　運転の自由を失ったとき

③　人命又は急迫した危険のある船舶の救助に従事するとき

④　港長の許可を受けて工事又は作業に従事するとき　　（港則法第13条）

(2)　①　他の船舶の右げん側を航行して追い越そうとするときは，汽笛又はサイレンによる，長音1回に引き続いて短音1回の信号を行う。

②　他の船舶の左げん側を航行して追い越そうとするときは，汽笛又はサイレンによる，長音1回に引き続いて短音2回の信号を行う。

（港則法施行規則第27条の2第2項）

【解説】特定港における航路内での追越しは，港則法第14条第4項において原則禁止されているが，同法第19条第1項で，港内における地形や自然条件などを勘案し，船舶交通の安全上著しい支障がある場合には，国土交通大臣が航法に関して特別の定めをできこととして国土交通省令で当該港ごとに特別航法を定めている。航路内での追越しについて特別航法が定めら

れている航路として，以下の港の航路がある。

① 京浜港　東京西航路

② 名古屋港　東航路及び西航路の一部と北航路

③ 広島港　　航路　　　　　④ 関門港　関門航路及び早鞆瀬戸水路

（二）（1）（ア）総トン数100トン以上の汽笛を備えている船舶

（イ）①　航路外から航路に入ろうとする場合

②　航路から航路外に出ようとする場合

③　航路を横断しようとする場合

（海上交通安全法第7条，同法施行規則第6条第1項）

（2）伊良湖水道航路，水島航路

解答 3　（一）

（ア）安全，（イ）通過，（ウ）効果，（エ）遠ざかる

（二）物品：燃料，食料，清水，医薬品，船用品その他航海に必要な物品

情報：気象情報，水路通報その他航海に必要な情報

（船員法第8条，同法施行規則第2条の2第4号，第6号）

（三）（1）**答**：(2)　　　　　　　（船員労働安全衛生規則第74条第4号）

【解説】

（1）正しくない。：毎月1回

（船員労働安全衛生規則第40条の2第3項）

（3）正しくない。：船内の管系及び電路の系統の識別は，告示で定める識別基準によらなければならない。　　（船員労働安全衛生規則第23条）

（4）正しくない。：安全担当者　　（船員労働安全衛生規則第5条第4号）

（四）タンカー以外の船舶でビルジが生じることのない船舶。

（海洋汚染等及び海上災害の防止に関する法律第8条第1項）

2020年 10月 定期

法規に関する科目

(配点　各問100,　総計300)

〈2　時　間〉

[問題]1　海上衝突予防法に関する次の問いに答えよ。

(一)　狭い水道等における航法について:

(1)　航行中の動力船（漁ろうに従事している船舶を除く。）と漁ろう
に従事している船舶が互いに接近し衝突するおそれがあるときは,
両船はそれぞれどのような航法をとらなければならないか。

(2)　障害物があるため他の船舶を見ることができないわん曲部に接近
する船舶は, どのように航行しなければならないか。また, どのよ
うな信号を行わなければならないか。

(二)　視界制限状態にある水域を航行中の船舶が, その速力を, 針路を保
つことができる最小限度の速力に減じなければならず, また, 必要に
応じて停止しなければならないのは, どのような場合か。

(三)　下図(1)〜(3)に示す灯火及び形象物は, それぞれどのような船舶のど
のような状態を表すか。ただし, 図中の○は白灯, ◎は紅灯, ⊗は緑
灯を, また, (3)は形象物を示す。

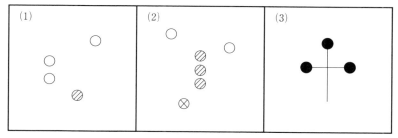

[問題]2　(一)　海上交通安全法に関する次の問いに答えよ。

(1)　緊急用務を行う船舶を除き, 速力の制限が定められている航路を
制限速力以上で航行することは, どのような場合に限り認められる
か。

(2)　備讃瀬戸東航路及びその付近の航法について:

(ア)　この航路に沿って航行するときは, どのように航行しなければ

　　ならないか。
　　　(ｲ)　この航路と交差している他の航路の名称をあげ，その航路に沿
　　　　う航行方法を記せ。
　(二)　港則法及び同法施行規則に関する次の問いに答えよ。
　　(1)　特定港に入港したとき，港長に「入港届」を提出しなくてよいの
　　　はどのような船舶か。2つあげよ。
　　(2)　航路を航行している船舶が，次の(ｱ)及び(ｲ)の場合にそれぞれ守ら
　　　なければならない航法規定を述べよ。
　　　(ｱ)　航路内において他の船舶と行き会う場合
　　　(ｲ)　航路内の前方を速度の遅い他の船舶が同航している場合
　問題3　(一)　海上衝突予防法で定める法定灯火について次の問いに答え
　　よ。
　　(1)　船舶は，いつからいつまでの間表示しなければならないか。
　　(2)　(1)の場合のほか，どのような場合に表示しなければならないか。
　(二)　予定の航路を変更して航海したとき，入港後，船長は誰に，どのよ
　　うな報告をしなければならないか。　　　　（船員法及び同法施行規則）
　(三)　安全担当者は，次の(1)及び(2)については，それぞれどのような業務
　　を行わなければならないか。　　　　　　　（船員労働安全衛生規則）
　　(1)　作業設備及び作業用具　　　　　　(2)　発生した災害
　(四)　総トン数200トン以上のタンカーにおいて，油の排出その他油の取
　　扱いに関する作業で，国土交通省令で定めるものが行われたときは，
　　誰が，油記録簿への記載を行わなければならないか。次のうちから選べ。
　　　　　　　　　　　　（海洋汚染等及び海上災害の防止に関する法律）
　　(1)　船長　　　　　　　　　　　　(2)　機関長
　　(3)　有害液体汚染防止管理者　　　(4)　油濁防止管理者

　解答　1　(一)　(1)　①　航行中の動力船は，漁ろうに従事している船舶の進
　　路を避けなければならない。
　　②　漁ろうに従事している船舶は，狭い水道等の内側を航行している動
　　力船の通航を妨げてはならない。　　（海上衝突予防法第9条第3項）
　(2)　十分に注意して航行しなければならない。また，長音1回の汽笛信号
　　を行わなければならない。
　　　　　　　　　　　（海上衝突予防法第9条第8項，同法第34条6項）

㈡　他の船舶と衝突するおそれがないと判断した場合を除き，以下の 2 つの場合

①　他の船舶が行う視界制限状態における音響信号を自船の正横より前方に聞いた場合。

②　自船の正横より前方にある他の船舶と著しく接近することを避けることができない場合。　　　　　　　　（海上衝突予防法第19条第 6 項）

㈢　⑴　船舶その他の物件を引いている航行中の動力船，長さ50メートル以上で，えい航物件の後端までの距離が200メートル以下であり，左げん側を見せている。　　　　（海上衝突予防法第24条第 1 項第 1 号）

　　⑵　航行中の喫水制限船。長さ50メートル以上であり，右げん側を見せている。　　　　　　　　　　　　　　　（海上衝突予防法第28条）

　　⑶　掃海作業に従事している操縦性能制限船。

　　　　　　　　　　　　　　　（海上衝突予防法第27条第 6 項）

【解 答】2　㈠　⑴

①　海難を避けるため。

②　人命若しくは他の船舶を救助するためやむを得ない事由があるとき。

　　　　　　　　　　　　　　　（海上交通安全法第 5 条）

　⑵　㈠　航路の中央から右の部分を航行する。

　　　　　　　　　　　　　　　（海上交通安全法第16条第 1 項）

　　㈡　①　宇高東航路：航路に沿って航行するときは，北の方向に航行しなければならない。

　　　　②　宇高西航路：航路に沿って航行するときは，南の方向に航行しなければならない。　　　　（海上交通安全法第16条第 2 項及び第 3 項）

㈡　⑴　以下から 2 つ解答。

①　総トン数20トン未満の船舶

②　端舟その他ろかいのみをもって運転し，又は主としてろかいをもって運転する船舶

③　平水区域を航行区域とする船舶

④　旅客定期航路事業に使用される船舶であって，港長の指示する入港実績報告書及び定められた書面を港長に提出している船舶

⑤　あらかじめ港長の許可を受けた船舶

　　　　　　　（港則法第 4 条，同法施行規則第 2 条第 1 項第 1 〜 3 号，

　　　　　　　　　　　　　　　同法施行規則第21条第 1 項）

(2)　㋐　航路の右側を航行しなければならない。

（港則法第14条第 3 項）

　㋑　航路内においては，並列航行してはならず，また他の船舶を追い越してはならない。　　　　　　（港則法第14条第 2 項，第 4 項）

解答 **3**　㈠　(1)　日没から日出までの間

(2)　視界制限状態においては，日出から日没までの間にあっても法定灯火を表示しなければならない。

（海上衝突予防法第20条第 1 項及び第 2 項）

㈡　遅滞なく，国土交通大臣に，航行に関する報告（第 4 号方式による報告書）をしなければならない。　　　（船員法第19条及び同法施行規則第14条）

㈢　(1)　点検及び整備に関すること。（船員労働安全衛生規則第 5 条第 1 号）

(2)　原因の調査に関すること。　　（船員労働安全衛生規則第 5 条第 4 号）

㈣　答：(4)　（海洋汚染等及び海上災害の防止に関する法律第 8 条第 2 項）

2021年2月　定期

法規に関する科目

（配点　各問100，総計300）

〈2　時　間〉

問題1　海上衝突予防法に関する次の問いに答えよ。

(一)　船舶が，他の船舶との衝突を避けるための動作をとる場合について：

(1)　できる限り，十分に余裕のある時期に，どのように，その動作をとらなければならないか。

(2)　針路又は速力の変更を行う場合には，できる限り，どのように行わなければならないか。

(二)　視界制限状態にある水域を航行中の動力船について：

(1)　機関は，どのようにしておかなければならないか。

(2)　前方近距離に，他の船舶が行う視界制限状態における音響信号を聞いた場合は，どのようにしなければならないか。

(三)　下図(1)～(3)に示す灯火及び形象物は，それぞれどのような船舶のどのような状態を表すか。ただし，図中の○は白灯，◎は紅灯，⊗は緑灯を，また，(3)は形象物を示す。

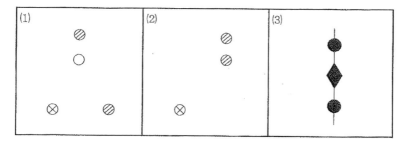

問題2　(一)　港則法に関する次の問いに答えよ。

(1)　特定港に出入するのに航路によらなければならないのは，どのような船舶か。また，航路を航行している船舶が，航路内で他の船舶と行き会うときは，どのようにしなければならないか。

(2)　下図は，特定港内の航路を航行する汽艇 A 丸（総トン数15トン）と，その航路を横切る動力船 B 丸（総トン数550トン）とが，それ

それ図示のように進行すれば×地点付近で衝突するおそれがある場合を示す。この場合について：

(ア)　避航しなければならないのは，A丸又はB丸のどちらか。

(イ)　適用される航法規定は何か。

B丸
航路　　　　　　　A丸

(3)　港内における漁ろうの制限については，どのように規定されているか。

(二)　海上交通安全法及び同法施行規則に関する次の問いに答えよ。

(1)　次の船舶は，それぞれ長さ何メートル以上のものと規定されているか。

(ア)　巨大船　　　　　　　　　(イ)　航路航行義務船

(2)　船舶は，次の(ア)〜(カ)の各航路（水道を含む。）をこれに沿って航行するときは，どのように航行しなければならないか。あてはまるものを，右の枠内から選び，それぞれ記号と番号で答えよ。

①　航路の中央から右の部分を航行する。
②　できる限り，航路の中央から右の部分を航行する。
③　潮流が順潮の場合に航行する。
④　潮流が逆潮の場合に航行する。
⑤　東の方向に航行する。
⑥　西の方向に航行する。
⑦　南の方向に航行する。
⑧　北の方向に航行する。

（解答例：(キ)—⑨）

(ア)　浦賀水道航路　　(イ)　伊良湖水道航路　　(ウ)　備讃瀬戸南航路

(エ)　宇高西航路　　(オ)　来島海峡中水道　　(カ)　中ノ瀬航路

(3)　一定の間隔で毎分180回以上200回以下のせん光を発する紅色の全周灯1個を掲げているのは，どのような船舶か。

問題3　(一)　船舶は，次の(1)及び(2)においては，それぞれどのような汽笛信号を行わなければならないか。　　　　　　（海上衝突予防法）

(1)　航行中の動力船が，互いに他の船舶の視野の内にある場合において，この法律の規定によりその機関を後進にかけているとき。

(2)　互いに他の船舶の視野の内にある船舶が互いに接近する場合において，他の船舶の意図又は動作を理解することができないとき。

(二)　船長が，甲板にあって自ら船舶を指揮しなければならないのは，どのようなときか。　　　　　　（船員法）

㈢　船員労働安全衛生規則に定められている安全担当者の業務として正
しいものは，次のうちどれか。
(1)　居住環境衛生の保持に関すること。
(2)　発生した疾病の原因の調査に関すること。
(3)　消化器具の点検及び整備に関すること。
(4)　食料及び用水の衛生の保持に関すること。

㈣　海洋汚染等及び海上災害の防止に関する法律において，次の(1)及び
(2)の用語の定義はそれぞれどのように定められているか。
(1)　廃棄物　　　　　　　　　　　　　(2)　ビルジ

解答 1　㈠　衝突を避けるための動作
(1)　船舶の運用上の適切な慣行に従ってためらわずにその動作をとらなけ
ればならない。　　　　　　　　　　（海上衝突予防法第 8 条第 1 項）
(2)　その変更を他の船舶が容易に認めることができるように大幅に行わな
ければならない。　　　　　　　　　（海上衝突予防法第 8 条第 2 項）
㈡　(1)　機関は，直ちに操作することができるようにしておかなければなら
ない。　　　　　　　　　　　　　　（海上衝突予防法第19条第 2 項）
(2)　その速力を針路を保つことができる最小限度の速力に減じなければな
らず，また，必要に応じて停止しなければならない。そして衝突の危険
がなくなるまで十分に注意して航行しなければならない。
　　　　　　　　　　　　　　　　　（海上衝突予防法第19条第 6 項）
㈢　(1)　トロール以外の漁法により漁ろうに従事している長さ50メートル未
満の船舶で，対水速力があり，正面を見せている。
　　　　　　　　　　　　　　　　　（海上衝突予防法第26条第 2 項）
(2)　航行中の運転不自由船で右げん側を見せている。
　　　　　　　　　　　　　　　　　（海上衝突予防法第27条第 1 項）
(3)　航行中の操縦性能制限船　　　（海上衝突予防法第27条第 2 項第 3 号）

解答 2　㈠　(1)　航路によらなければならない船舶は，汽艇等以外の船舶
である。　　　　　　　　　　　　　（港則法第12条，航路）
他の船舶と行き会うときは，右側を航行しなければならない。
　　　　　　　　　　　　　　　　　（港則法第14条，航法）
(2)　ア：避航しなければならないのは A 丸である。

　　イ：汽艇等は，港内においては，汽艇等以外の船舶の進路を避けなけれ
　　　ばならない。　　　　　　　　　　　　　　　（港則法第18条第1項）
　(3)　船舶交通の妨となるおそれのある港内の場所においては，みだりに漁
　　　ろうをしてはならない。　　　　　　　　　　　　　（港則法第35条）
㈡　(1)　ア：巨大船200m　　　　　　　　（海上交通安全法第2条第2項）
　　イ：航路航行義務50m（海上交通安全法第4条，同法施行規則第3条）
　(2)　ア①，イ②，ウ⑤，エ⑦，オ③，カ⑧
　(3)　緊急用務船

解答 3　㈠　(1)　短音3回　　　　　（海上衝突予防法第34条第1項3号）
　(2)　直ちに急速に短音5回以上を鳴らす。その汽笛信号を行う船舶は，急
　　　速にせん光を5回以上発することにより発光信号を行うことができる。
　　　　　　　　　　　　　　　　　　　（海上衝突予防法第34条第5項）
㈡　船舶が港を出入するとき，船舶が狭い水路を通過するときその他船舶に
　　危険のおそれがあるときは，甲板にあって指揮をしなければならない。
　　　　　　　　　　　　　　　　　　　　　　　　　　（船員法第10条）
㈢　(3)　　　　　　　　　　　　　　　（船員労働安全衛生規則第5条）
㈣　(1)　人が不要とした物（油及び有害液体物質を除く。）をいう。
　　　　　（海洋汚染等及び海上災害の防止に関する法律第3号第6号）
　(2)　船底にたまった油性混合物をいう。
　　　　　（海洋汚染等及び海上災害の防止に関する法律第3号第12号）

2021年 4月　定　期

法規に関する科目

（配点　各問100，総計300）

〈2　時　間〉

問題 1　海上衝突予防法及び同法施行規則に関する次の問いに答えよ。

（一）　夜間，航行中の一般動力船 A 丸が一般動力船
　　B 丸（長さ20メートル）を，右図の態勢で追い越
　　す場合：

　（1）　A 丸から見た B 丸の灯火は，次の(ア)と(イ)の
　　　とき，それぞれどのように見えるか。略図で示せ。

　　　(ア)　A 丸が，B 丸の後方（図の位置）にあるとき。

　　　(イ)　A 丸が，B 丸の正横にあるとき。

　（2）　接近し衝突のおそれがある場合，A 丸及び B
　　　丸は，それぞれどのような措置をとらなければ
　　　ならないか。

（二）　次の(1)及び(2)を用いて行う遭難信号の方法をそれぞれ述べよ。

　（1）　無線電話　　　　　　　　　　　　（2）　国際信号旗

（三）　下図(1)～(3)に示す灯火及び形象物は，それぞれどのような船舶のど
　　のような状態を表すか。ただし，図中の○は白灯，◎は紅灯，⊗は緑
　　灯を，また，(3)は形象物を示す。

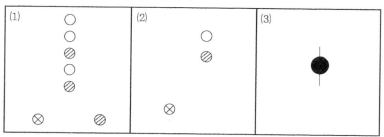

問題 2　（一）　港則法に関する次の問いに答えよ。

　（1）　特定港の定義を述べよ。

　（2）　右図に示すように，特定港の航路を航行中の動力船 A（総トン
　　　数600トン）と航路に入ろうとする動力船 B（総トン数2000トン）

とが衝突するおそれがあるとき，A 及び B はそれぞれどのような
措置をとらなければならないか。

(二)　海上交通安全法及び同法施行規則に関する次の
問いに答えよ。

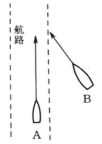

(1)　航路における一般的航法によると，航路を横
断する船舶は，どのような方法で横断しなけれ
ばならないか。

(2)　備讃瀬戸東航路をこれに沿って航行する船舶
の航法について述べた次の文のうち，正しいも
のはどれか。

(ア)　昼間，宇高東航路及び宇高西航路を横切る
ときは進路を知らせるための国際信号旗による表示を行わなけれ
ばならない。

(イ)　航路の一部の区間は，対水速力12ノット以下で航行しなければ
ならない。

(ウ)　夜間は，十分な余地があっても他の船舶を追い越してはならな
い。

(エ)　できる限り航路の中央から右の部分を航行しなければならない。

(3)　航路における一般的航法によると，航路を横断しようとしている
漁ろうに従事している船舶が，同じ航路をこれに沿って航行してい
る巨大船と衝突するおそれがあるときは，どちらの船舶が避航しな
ければならないか。

問題 3　(一)　海上衝突予防法に関する次の問いに答えよ。

(1)　「運転不自由船」とは，どのような船舶をいうか。

(2)　(1)の船舶（長さ12メートル以上）が，航行中に表示しなければな
らない灯火及び形象物を記せ。

(二)　船長は，発航前に次の事項に関して，どのようなことを検査しなけ
ればならないか。　　　　　　　　　　　　　　　（船員法施行規則）

(1)　積載物の積付け　　　　　　　　(2)　喫水の状況

(三)　衛生担当者は，次の(1)〜(3)の事項に関して，それぞれどのような業
務を行うか。　　　　　　　　　　　　　　（船員労働安全衛生規則）

(1)　食料及び用水

(2)　医薬品その他の衛生用品

(3)　負傷又は疾病が発生した場合

　㈣　海洋汚染等及び海上災害の防止に関する法律の規定に関する次の文の□□□内に適合する語句を，番号とともに記せ。

　　　何人も，船舶，海洋施設又は航空機からの （1） ， （2） 又は （3） の排出，船舶からの （4） の放出その他の行為により海洋汚染等をしないように努めなければならない。

解答 1　㈠　(1)　㈠　船尾灯（白灯）1 個が見える。

　　　㈡　マスト灯（白灯）1 個と左げん灯（紅灯）1 個が見える。

　　　　　　　　　　（海上衝突予防法第21条第 1 項，第 2 項，第 4 項）

　(2)　追越し船 A 丸の動作

　①　針路を大幅に転じて B 丸からできるだけ遠ざかる態勢で追い越す。

　②　B 丸を確実に追越し，十分に遠ざかるまで A 丸の進路を避ける。

　③　転舵している際には，所定の信号を行う。

　追い越される船舶 B 丸の動作

　①　A 丸の動静に注意しながら，針路・速力を保持する。

　②　A 丸の追越し動作に疑いがあるときは，直ちに急速に短音 5 回以上の警告信号を行い，A 丸に避航を促す。

　③　それでも A 丸が接近して衝突のおそれを生じた場合は，衝突回避のための最善の動作をとる。この場合，転舵又は機関を後進にかけているときは所定の信号を行う。

　　　　　　　　　　　　（海上衝突予防法第13条，第17条，第34条）

　㈡　(1)　無線電話による「メーデー」という語の信号

　　　　　　　　（海上衝突予防法施行規則第22条第 1 項第 5 号）

　(2)　国際信号旗：縦に上から国際信号書に定める N 旗及び C 旗を掲げる。

　㈢　(1)　航行中の操縦性能制限船で，長さ50メートル以上の船舶で，対水速力があり，正面を見せている　　　（海上衝突予防法第27条第 2 項）

　(2)　航行中の水先船で右げん側を見せている。　（海上衝突予防法第29条）

　(3)　錨泊中の船舶　　　　　　（海上衝突予防法第30条第 1 項第 2 号）

解答 2　㈠　(1)　喫水の深い船舶が出入りできる港又は外国船舶が常時出入する港であって，政令で定める港。　　　（港則法第 3 条第 2 項）

(2)　・動力船 A の措置

①　動力船 B の動静に注意しながら，進路・速力を保持して進行する。

②　動力船 B に避航の様子がなく接近するようであれば，警告信号（急速に短音 5 回以上）を行う。

③　それでも動力船 B が接近し，衝突のおそれを生じた場合は，機関を使用して行きあしを停止するなどの衝突回避のための最善の協力動作をとる。この場合，転舵又は機関後進を行った場合には所定の信号を行う。

・動力船 B の措置

①　直ちに動力船 A に対する避航動作をとる。

②　避航の動作を動力船 A が容易に認めることができるよう大幅に行う。

③　転舵及び機関の使用においては所定の信号を行う。

（港則法第14条，海上衝突予防法第17条，第34条第 5 項）

(二)　(1)　航路を横断する船舶は，当該航路に対しできる限り直角に近い角度で，すみやかに横断しなければならない。　（海上交通安全法第 8 条）

(2)　備讃瀬戸東航路…(イ)

(3)　航路を横断しようとしている漁ろう船は，航路をこれに沿って航行している巨大船と衝突するおそれがあるときは，当該巨大船の進路を避けなければならない。　（海上交通安全法第 3 条第 2 項）

解答 3　(一)　(1)　船舶の操縦性能を制限する故障その他の異常な事態が生じているため他の船舶の進路を避けることができない船舶

（海上衝突予防法第 3 条第 6 項）

(2)　灯火：①　最も見えやすい場所に紅色の全周灯 2 個を垂直線上に揚げる。

②　対水速力を有する場合は，げん灯 1 対を揚げ，かつできる限り船尾近くに船尾灯 1 個を揚げる。

形象物：最も見えやすい場所に球形の形象物 2 個又はこれに類似した形象物 2 個を垂直線上に揚げる。　（海上衝突予防法第27条）

(二)　(1)　積載物の積付け：船舶の安定性をそこなう状況にないこと

(2)　喫水の状況：船舶の安全性が保たれていること

（船員法施行規則第 2 条の 2 ）

(三)　(1)　衛生の保持に関する業務

(2)　点検及び整備に関する業務

　(3)　適当な救急措置に関する業務

　　　　　　　　　（船員労働安全衛生規則第8条第1項第2〜4号）

㈣　(1)　油

　(2)　有害液体物質等

　(3)　廃棄物

　(4)　排出ガス　　（海洋汚染等及び海上災害の防止に関する法律第2条）

2021年 7月　定 期

法規に関する科目

（配点　各問100，総計300）

〈2　時　間〉

[問題]1　海上衝突予防法に関する次の問いに答えよ。

(一)　追越し船の航法について：

(1)　どのような船舶が「追越し船」か。

(2)　追越し船 A 丸と追い越される船舶 B 丸が接近して衝突のおそれがある場合は，それぞれどのような措置を講じるべきか。

(二)　本法で定める法定灯火について次の問いに答えよ。

(1)　船舶は，いつからいつまでの間表示しなければならないか。

(2)　(1)の場合のほか，どのような場合に表示しなければならないか。

(三)　下図(1)～(3)に示す灯火及び形象物は，それぞれどのような船舶のどのような状態を表すか。ただし，図中の○は白灯，◎は紅灯，⊗は緑灯を，また，(3)は形象物を示す。

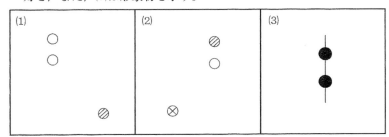

[問題]2　(一)　海上交通安全法及び同法施行規則に関する次の問いに答えよ。

(1)　次の(ア)～(ウ)の航路の名称を，それぞれ記せ。

(ア)　伊勢湾にある航路

(イ)　航路をこれに沿って航行するとき，北の方向に航行しなければならない航路

(ウ)　航路をこれに沿って航行するとき，その航路の全区間を12ノット以下の速力（対水速力）で航行しなければならない航路

(2)　本法に定める航路において，他の船舶の右げん側を追い越そうと

する船舶が行う汽笛信号は，次のうちどれか。

(ｱ)　長音1回に引き続く短音1回

(ｲ)　長音1回に引き続く短音2回

(ｳ)　長音2回に引き続く短音1回

(ｴ)　長音2回に引き続く短音2回

(二)　港則法に関する次の問いに答えよ。

(1)　右図に示すように，港内において入航中
の動力船A（総トン数1000トン）と出航中
の動力船B（総トン数600トン）とが防波
堤の入口付近で出会うおそれがあるとき，
A及びBはそれぞれどのような措置をと
らなければならないか。

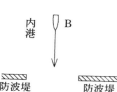

(2)　喫煙等の制限についてはどのように規定
されているか。

問題3　(一)　「各種船舶間の航法」に関し，航
行中の帆船（漁ろうに従事している船舶を除く。）と航行中の漁ろう
に従事している船舶とが接近し，衝突するおそれがある場合，両船は，
それぞれどのような航法をとらなければならないか。

(海上衝突予防法)

(二)　船長が自己の指揮する船舶を去ってはならないのは，いつからいつ
までの間か。また，この間に船長が所用で船舶を去る必要があるとき
は，船長はどのようにしておかなければならないか。　　(船員法)

(三)　船員労働安全衛生規則に規定する「船内安全衛生委員会」は，誰が，
どのような船舶に設けなければならないか。

(四)　海洋汚染等及び海上災害の防止に関する法律の規定によると，船舶
における油の排出その他油の取扱いに関する作業で国土交通省令で定
めるものが行われたときは，誰が，どのような書類へ，そのことを記
載しなければならないか。正しいものを次のうちから選べ。

(1)　当直機関士が機関日誌へ記載する。

(2)　当直機関士が油記録簿へ記載する。

(3)　油濁防止管理者が油記録簿へ記載する。

(4)　油濁防止管理者が機関日誌へ記載する。

解答 1　(一)　(1)　互いに他の船舶の視野の内にあって，追い越される船舶の正横後22度30分を超える後方の位置（夜間にあってはげん灯のいずれも見ることができない位置）からその船舶を追い越す船舶。

（海上衝突予防法第13条第2項）

(2)　【追越し船 A 丸の動作】

①　B 丸から十分に遠ざかるため，できる限り早期に，かつ，大幅に動作をとる。　　　　　　　　　　　　　　（海上衝突予防法第16条）

②　B 丸を確実に追い越し，十分に遠ざかるまで B 丸の進路を避ける。

（海上衝突予防法第13条第1項）

③　転舵している際には，所定の信号を行う。

（海上衝突予防法第34条第1項）

【追い越される船舶 B 丸の動作】

①　A 丸の動静に注意しながら，針路・速力を保持する。

（海上衝突予防法第17条）

②　A 丸の追越し動作に疑いがあるときは，直ちに急速に短音5回以上の警告信号を行い，A 丸に避航を促す。

（海上衝突予防法第34条第5項）

③　それでも A 丸が接近して衝突のおそれを生じた場合は，衝突回避のための最善の協力動作をとる。この場合，転舵又は機関を後進にかけているときは所定の信号を行う。

（海上衝突予防法第17条第3項，同法第34条第1項）

(二)　(1)　日没から日出までの間

(2)　視界制限状態においては，日出から日没までの間にあっても法定灯火を表示しなければならない。

（海上衝突予防法第20条第1項及び第2項）

(三)　(1)　船舶その他の物件を引いている長さ50メートル未満の動力船で，えい航物件の後端までの距離が200メートル以下で左げん側を見せている。

（海上衝突予防法第24条）

(2)　トロール以外の漁法により漁ろうに従事している長さ50メートル未満の船舶で，対水速力があり，右げん側を見せている。

（海上衝突予防法第26条第2項）

(3)　航行中の長さ12m 以上の運転不自由船

（海上衝突予防法第27条第1項第3号）

解答 2　㈠

　　(1)　㋐　伊良湖水道航路　　　　　　　　　　（海上交通安全法第13条）

　　　　㋑　中ノ瀬航路，宇高東航路

　　　　　　　　　　（海上交通安全法第11条第 2 項，第16条第 2 項）

　　　　㋒　浦賀水道航路，中ノ瀬航路，伊良湖水道航路，水島航路

　　(2)　解答は㋐

㈡　入航中の汽船 A は，防波堤の外で出航中の汽船 B の進路を避けなけれ
　ばならない。　　　　　　　　　　　　　　　　　　　　（港則法第15条）

　　　出航中の汽船 B は，

　　(1)　A 船の動静に注意しながら，針路・速力を保持して進行する。

　　(2)　船に避航の様子がなく接近するようであれば，警告信号を行う。

　　　　　　　　　　　　　　　　　（海上衝突予防法第34条第 5 項）

　　(3)　①　何人も，港内においては，相当の注意をしないで，油送船の附近
　　　　で喫煙し，又は火気を取り扱ってはならない。

　　　　　　　　　　　　　　　　　　　　　　（港則法第37条第 1 項）

　　　　②　港長は，海難の発生その他の事情により特定港内において引火性の
　　　　液体が浮流している場合において，火災の発生のおそれがあると認め
　　　　るときは，当該水域にある者に対し，喫煙又は火気の取扱いを制限し，
　　　　又は禁止することができる。　　　　　　（港則法第37条第 2 項）

解答 3　㈠　【航行中の帆船】漁ろうに従事している船舶の進路を避けなけ
　れがならない。　　　　　　　　　　（海上衝突予防法第18条第 2 項）

　　　【航行中の漁ろうに従事している船舶】針路・速力を保持する。

　　　　　　　　　　　　　　　　　（海上衝突予防法第17条第 1 項）

㈡　やむを得ない場合を除いて，自己に代わって船舶を指揮すべき者にその
　職務を委任した後でなければ，荷物の船積及び旅客の乗込の時から荷物の
　陸揚げ及び旅客の上陸の時まで，自己の指揮する船舶を去ってはならない。

　　　　　　　　　　　　　　　　　　　　　　　　　　（船員法第11条）

㈢　船内安全衛生委員会は，船舶所有者が，船員が常時 5 人以上である船舶
　に設けなければならない。　　　　（船員労働安全衛生規則第 1 条の 3 ）

㈣　(3)　油濁防止管理者が油記録簿へ記載する。

　　　　　　　　　（海洋汚染等及び海上災害の防止に関する法律第 8 条）

2021年10月　定期

法規に関する科目

（配点　各問100，総計300）

《2　時　間》

問題1　海上衝突予防法に関する次の問いに答えよ。

㈠　船舶は，常時安全な速力で航行しなければならないが，この速力は，どのような動作をとることができるものでなければならないか。

㈡　船舶が，接近してくる他の船舶のコンパス方位に明確な変化が認められる場合においても，これと衝突するおそれがあり得ることを考慮しなければならないのは，どのような場合か。

㈢　船尾灯の定義を述べて，その射光範囲を図示せよ。

㈣　下図⑴～⑶に示す灯火及び形象物は，それぞれどのような船舶のどのような状態を表すか。ただし，図中の○は白灯，◎は紅灯，⊗は緑灯を，また，⑶は信号板を示す。

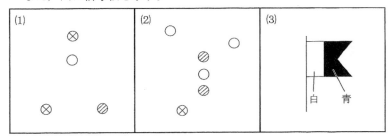

問題2　㈠　海上交通安全法及び同法施行規則に関する次の問いに答えよ。

⑴　次の㈠～㈢の航路の名称を，それぞれ記せ。

㈠　東京湾にある航路

㈡　航路をこれに沿って航行するとき，できる限り，その航路の中央から右の部分を航行しなければならない航路

㈢　航路の横断が禁止されている区間のある航路

⑵　本法第3条第1項の規定によると，航路をこれに沿って航行している船舶を避航しなければならないのはどのような船舶か。

㈡　港則法に関する次の問いに答えよ。

(1) 特定港に出入するのに航路によらなければならないのは，どのような航路か。また，航路を航行している船舶が，航路内で他の船舶と行き会うときは，どのようにしなければならないか。

(2) 船舶が，港内において，防波堤，ふとうその他の工作物の突端又は停泊船舶の付近を航行するときは，どのように航行しなければならないか。

(3) ろかいを用いて航行中の船舶は，夜間，港内においては，どのような灯火を表示しなければならないか。

問題 3　(一)　狭い水道等における追越しについて：

(1) 追越し船が汽笛信号により追越しの意図を示さなければならないのは，どのような場合か。

(2) (1)の場合には，どのような信号を行うか。

(3) (2)の信号を聞いた追い越される船舶は，どのようにしなければならないか。　　　　　　　　　　　　　　　（海上衝突予防法）

(二)　船員法の規定に関する次の文の　　　　　内に適合する語句又は数字を，記号とともに記せ。

(1) 船長は，船舶が衝突したときは，互いに人命及び船舶の救助に必要な手段を尽くし，かつ，船舶の名称，　(ア)　，　(イ)　，発航港及び到達港を告げなければならない。

(2) 船舶所有者は，年齢18年未満の船員を午後　(ウ)　時から翌日の午前　(エ)　時までの間において作業に従事させてはならない。

(三)　船員労働安全衛生規則の規定について述べた次の文のうち，正しいものはどれか。

(1) 動力さび落とし機を使用する作業には年齢20年未満の船員は従事できない。

(2) 揚荷装置を使用する作業では，揚荷装置の操作は熟練者が行う。

(3) 船内の燃料パイプ等の管系は，各社又は各船ごとに識別基準を定めて表示することができる。

(4) 居住環境衛生の保持に関する作業は，安全担当者の業務の1つである。

(四)　次の(1)及び(2)は海洋汚染等及び海上災害の防止に関する法律の用語の意義を述べたものである。それぞれの用語を記せ。

(1) 人が不要とした物（油，有害液体物質等及び有害水バラストを除く。）をいう。

　(2)　船底にたまった油性混合物をいう。

解答 1　㈠　他の船舶との衝突を避けるための適切かつ有効な動作をとること又はその時の状況に適した距離で停止することができる速力。

（海上衝突予防法第 6 条）

㈡　大型船舶若しくはえい航作業に従事している船舶に接近し，又は近距離で他の船舶に接近するときは，これと衝突するおそれがあり得ることを考慮しなければならない。　　　　　（海上衝突予防法第 7 条第 4 項）

㈢　「船尾灯」とは，135度にわたる水平の弧を照らす白灯であって，その射光が正船尾方向から各げん67度30分までの間を照らすように装置されるものをいう。　　　　　　　　　（海上衝突予防法第21条第 4 項）

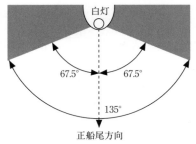

㈣　(1)　トロールにより漁ろうに従事している長さ50メートル未満の船舶で，対水速力があり，正面を見せている。

（海上衝突予防法第26条第 1 項）

(2)　航行中の操縦性能制限船で，長さ50メートル以上の船舶で，対水速力があり，右げん側を見せている。　　　（海上衝突予防法第27条第 2 項）

(3)　航行中又はびょう泊中の操縦性能制限船であって，潜水夫による作業に従事している小さい船。　（海上衝突予防法第27条第 5 項第 2 号）

解答 2　㈠　(1)　ア：浦賀水道航路，中ノ瀬航路

　　　　イ：伊良湖水道航路，水島航路

　　　　ウ：海交法 9 条「航路への出入り又は航路の横断の制限」，施行規則 7　条　備讃瀬戸東航路，来島海峡航路

(2)　航路外から航路に入り，航路から航路外に出，若しくは航路を横断しようとし，又は航路をこれに沿わないで航行している船舶（漁ろう船等

を除く）　　　　　　　　　　　　　　　（海上交通安全法第3条）

（二）（1）【船舶】汽艇等以外の船舶　　　　　　　　　（港則法第11条）

　　　【航路内での行会い】航路内において他の船舶と行き会う場合は，右側
を航行しなければならない。　　　　　　　（港則法第13条第3項）

（2）　防波堤，ふとうその他の工作物の突端又は停泊船舶を右げんに見て航
行するときは，できるだけこれに近寄り，左げんに見て航行するときは，
できるだけこれに遠ざかって航行しなければならない。（港則法第17条）

　　　〈参考〉「右小回り，左大回り」の原則

（3）　港内でろかいを用いて航行中の船舶が，白色の携帯電灯又は点火した
白灯を周囲から最も見えやすい場所に表示しなければならない。

　　　　　　　　　　　　　　　　　　　　　　　（港則法第26条）

解答 3 （一）（1）狭い水道等において，追い越される船舶が自船を安全に通
過させるための動作をとらなければこれを追い越すことができない場合。

　　　　　　　　　　　　　　　　　（海上衝突予防法第9条第4項）

（2）①　他の船舶の右げん側を追い越そうとする場合は，長音2回に引き
続く短音1回の汽笛信号を行う。

　　②　他の船舶の左げん側を追い越そうとする場合は，長音2回に引き続
く短音2回の汽笛信号を行う。

　　　　　　　　　　（海上衝突予防法第34条第4項第1号及び2号）

（3）①　他の船舶に追い越されることに同意した場合は，順次に長音1回，
短音1回，長音1回及び短音1回の汽笛信号を行う。

　　②　他の船舶の意図若しくは動作を理解することができないとき，又は
他の船舶が衝突を避けるために十分な動作をとっていることについて
疑いがあるときは，直ちに急速に短音5回以上の汽笛信号を行わなけ
ればならない。　　（海上衝突予防法第34条第4項第3号及び第5項）

（二）（1）（ア）：所有者，（イ）：船籍港，（ウ）：8，（エ）：5

（三）　解答は（2）

（四）（1）　廃棄物

　　　　　　　　（海洋汚染等及び海上災害の防止に関する法律第3号第6号）

（2）　ビルジ（海洋汚染等及び海上災害の防止に関する法律第3号第12号）

2022年 2月 定期

法規に関する科目

（配点　各問100，総計300）

〈2　時　間〉

問題 1　海上衝突予防法に関する次の問いに答えよ。

(一)　下の枠内は法第8条第4項の規定である。　　　内に適合する語句を記号とともに記せ。

> 第8条第4項　船舶は，他の船舶との衝突を避けるための動作をとる
> 場合は，他の船舶との間に　(ア)　な距離を保って　(イ)　するこ
> とができるようにその動作をとらなければならない。この場合
> において，船舶は，その動作の　(ウ)　を当該他の船舶が　(イ)
> して十分に　(エ)　まで慎重に確かめなければならない。

(二)　狭い水道等における航法について：

　(1)　狭い水道等をこれに沿って航行する船舶は，どのように航行しなければならないか。

　(2)　船舶は，どのような場合に狭い水道等を横切ってはならないか。

　(3)　障害物があるため他の船舶を見ることができないわん曲部に接近する船舶は，どのように航行しなければならないか。また，どのような信号を行わなければならないか。

(三)　下図(1)～(3)に示す灯火及び形象物は，それぞれどのような船舶のどのような状態を表すか。ただし，図中の○は白灯，◎は紅灯，⊗は緑灯を，また，(3)は形象物を示す。

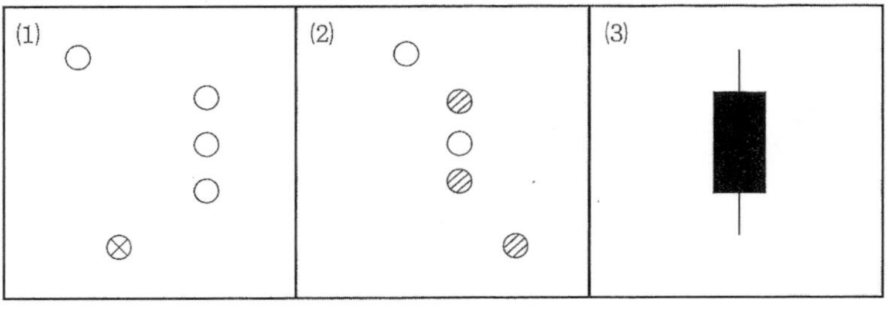

問題 2　(一)　海上交通安全法及び同法施行規則に関する次の問いに答え

よ。

(1)　浦賀水道航路を航行する船舶の航法について述べた次の㋐～㋑の
　　　うち，正しいものはどれか。

　　㋐　航路の全区間で，できる限り，航路の中央から右の部分を航行
　　　　しなければならない。

　　㋑　航路の全区間で，航路を横断してはならない。

　　㋒　航路の全区間で，十分な余地があっても他の船舶を追い越して
　　　　はならない。

　　㋓　航路の全区間で，当該航路を横断する場合を除き，対水速力12
　　　　ノットを超えない速力で航行しなければならない。

(2)　下図は，瀬戸内海にある
　　海上交通安全法に規定され
　　た航路の一部とその付近を
　　航行中の船舶を示す略図で
　　ある。次の問いに答えよ。
　　ただし，‐‐‐は航路の中央，
　　→は航行方向を示す。

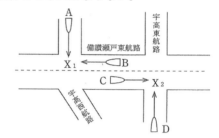

　　㋐　一般動力船 A と巨大
　　　　船 B が X₁ 付近で衝突するおそれがある場合，どちらが避航船と
　　　　なるか。

　　㋑　一般動力船 C と一般動力船 D が X₂ 付近で衝突するおそれがあ
　　　　る場合，どちらが避航船となるか。

　　㋒　㋑で C が漁ろうに従事している船舶で一般動力船 D と X₂ 付近
　　　　で衝突するおそれがある場合，どちらが避航船となるか。

㈡　港則法に関する次の問いに答えよ。

(1)　危険物を積載した船舶が，特定港に入港しよ
　　うとする場合は，どのようにしなければならな
　　いか。

(2)　右図に示すように，特定港の航路を航行中の
　　動力船 A（総トン数600トン）と航路に入ろう
　　とする動力船 B（総トン数2000トン）とが衝突
　　するおそれがあるとき，A 及び B はそれぞれ
　　どのような措置をとらなければならないか。

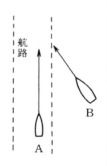

問題 3　㈠　レーダーを使用していない船舶が，「安

全な速力」を決定するに当たり特に考慮しなければならない事項として，次の(1)及び(2)のほかどのような事項があるか。（海上衝突予防法）

(1) 視界の状態

(2) 船舶交通のふくそうの状況

(二) 船舶に海難が発生した場合，船員法及び同法施行規則の規定により，船長が「航行に関する報告」をしようとするとき，地方運輸局長等に提示しなければならない書類は，次のうちどれか。

(1) 乗組員名簿　　　(2) 旅客名簿　　　(3) 航海日誌

(4) 積荷に関する書類

(三) 船員労働安全衛生規則によると，油の浸みた布ぎれ，木くずその他の著しく燃え易い廃棄物は，どのように処理しなければならないか。

(四) 油記録簿に関する次の問いに答えよ。

(1) 油記録簿への記載は，通常，誰が行うか。

(2) 油記録簿は，いつから，何年間船舶内に保存しておかなければならないか。

(3) (1)及び(2)の事項を規定している法規名を記せ。

解答 1 (一) (ア) 安全，(イ) 通過，(ウ) 効果，(エ) 遠ざかる

(二) (1) 安全であり，かつ，実行に適する限り，狭い水道等の右側端に寄って航行しなければならない。　　　（海上衝突予防法第9条第1項）

(2) 狭い水道等の内側でなければ安全に航行することができない他の船舶の通航を妨げることとなる場合。　　　（海上衝突予防法第9条第5項）

(3) 十分に注意して航行しなければならない。また，長音1回の汽笛信号を行わなければならない。

（海上衝突予防法第9条第8項，同法第34条6項）

(三) (1) 船舶その他の物件を引いている長さ50メートル以上の動力船で，えい航物件の後端までの距離が200メートルを超えて右げん側を見せている。　　　（海上衝突予防法第24条第1項）

(2) 操縦性能制限船。航行中で，長さ50メートル未満の船舶で，対水速力があり，左げん側を見せている。　　　（海上衝突予防法第27条第2項）

(3) 航行中の喫水制限船　　　　　　　　　（海上衝突予防法第28条）

解答 2 (一) (1) 正しいのは(エ)　　　　　　（海上交通安全法第11条）

(2)　㋐　宇高西航路に沿って航行している一般動力船 A は，備讃瀬戸東
　　　　航路に沿って航行している巨大船 B の進路を避けなければならない。

　　　　　　　　　　　　　　　（海上交通安全法　第17条第 1 項）

　　　㋑　備讃瀬戸東航路に沿って航行している一般動力船 C は，宇高東航路
　　　　に沿って航行している一般動力船 D の進路を避けなければならない。

　　　　　　　　　　　　　　　　　　（海上衝突予防法　第15条）

　　　㋒　宇高東航路に沿って航行している一般動力船 D は，備讃瀬戸東航路
　　　　に沿って航行し，漁ろうに従事している C の進路を避けなければなら
　　　　ない。　　　　　（海上衝突予防法　第18条第 1 項第 3 号）

㈡　(1)　港の境界外で港長の指揮を受けなければならない。

　　　　　　　　　　　　　　　　　　（港則法第20条第 1 項）

　(2)　・動力船 A の措置

　①　動力船 B の動静に注意しながら，進路・速力を保持して進行する。

　②　動力船 B に避航の様子がなく接近するようであれば，警告信号（急
　　　速に短音 5 回以上）を行う。

　③　それでも動力船 B が接近し，衝突のおそれを生じた場合は，機関を
　　　使用して行きあしを停止するなどの衝突回避のための最善の協力動作
　　　をとる。この場合，転舵又は機関後進を行った場合には所定の信号を
　　　行う。

　・動力船 B の措置

　①　直ちに動力船 A に対する避航動作をとる。

　②　避航の動作を動力船 A が容易に認めることができるよう大幅に行う。

　③　転舵及び機関の使用においては所定の信号を行う。

　　　　　　　（港則法13条，海上衝突予防法第17条，第34条第 5 項）

解 答 3　㈠　①　自船の停止距離，旋回性能，その他の操縦性能

②　夜間における陸岸の灯火，自船の灯火の反射等による灯火の存在

③　風，海面及び海潮流の状態並びに航路障害物に接近した状態

④　自船の喫水と水深の関係　　　　　（海上衝突予防法第 6 条）

㈡　(3)　航海日誌　　　　　　　　　　（船員法施行規則第14条）

㈢　防火性のふた付きの容器に収める等これを安全に処理しなければならな
　い。　　　　　　　　　　　　　（船員労働安全衛生規則第22条）

㈣　(1)　油濁防止管理者

　　　　（海上汚染等及び海上災害の防止に関する法律第 8 条第 2 項）

　(2)　最後の記載をした日から３年間

　　　　　（海上汚染等及び海上災害の防止に関する法律第８条第３項）

　(3)　海上汚染等及び海上災害の防止に関する法律

2022年 4 月　定　期

法規に関する科目

（配点　各問100，総計300）

〟〟〟〟〟〟〟〟〟〟〟〟〟〟〟〟〟〟〟〟〟〟〟〟〟〟〟〟〟〟〟〈2　時　間〉〟〟〟〟〟〟〟〟

[問題]1　海上衝突予防法に関する次の問いに答えよ。

(一)　船舶が，接近してくる他の船舶のコンパス方位に明確な変化が認められる場合においても，これと衝突するおそれがあり得ることを考慮しなければならないのは，どのような場合か。

(二)　(1)　2隻の一般動力船が，夜間，互いに他の船舶の両側のげん灯を見ながら接近する関係を何というか。

　(2)　(1)の場合において，衝突するおそれがあるときは，各動力船はそれぞれどのような航法をとらなければならないか。

　(3)　(1)の場合において，他の動力船の両側のげん灯が見えるときもあるが，片方のげん灯が見えなくなったり，また，もう一方のげん灯が見えなくなったりする状態を繰り返す場合に適用される航法規定を述べよ。

(三)　下図(1)～(3)に示す灯火及び形象物は，それぞれどのような船舶のどのような状態を表すか。ただし，図中の○は白灯，◍は紅灯，⊗は緑灯を，また，(3)は形象物を示す。

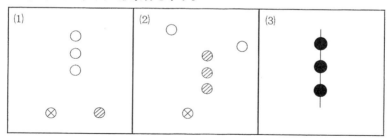

[問題]2　(一)　港則法に関する次の問いに答えよ。

　(1)　船舶が航路内で投びょうし，又はえい航している船舶を放すことが認められるのは，どのような場合か。3つ述べよ。

　(2)　防波堤の外で，入航する汽船が出航する汽船の進路を避けなければならないのは，どのようなときか。

　㈡　海上交通安全法及び同法施行規則に関する次の問いに答えよ。

　　⑴　航路の付近にある国土交通省令で定める 2 地点間を航行しようとするとき，航路の全区間又は一部区間を航行しなければならない船舶として定められているものは，次のうちどれか。

　　　㈦　総トン数300トン以上の船舶

　　　㈣　総トン数500トン以上の船舶

　　　㈥　長さ24メートル以上の船舶

　　　㈢　長さ50メートル以上の船舶

　　⑵　浦賀水道航路について：

　　　㈦　この航路に沿って航行するときは，どのように航行しなければならないか。

　　　㈣　この航路においては，航路を横断する場合を除き，何ノットを超える速力で航行してはならないか。（その速力が対地なのか対水なのかも含めること。）

|問 題|3　㈠　船舶は，次の⑴及び⑵の場合には，それぞれどのような汽笛信号を行わなければならないか。　　　　　　　　（海上衝突予防法）

　　⑴　互いに他の船舶の視野の内にある船舶が互いに接近する場合において，他の船舶の意図又は動作を理解することができないとき。

　　⑵　航行中の一般動力船が，視界制限状態において，対水速力があるとき。

　㈡　船員法及び同法施行規則に関する次の問いに答えよ。

　　⑴　船長は，他の船舶又は航空機の遭難を知ったときは，どのようにしなければならないか。

　　⑵　船長は，海難が発生したときは，いつ，どこに報告しなければならないか。

　㈢　「げん外作業」を行う場合，作業に従事する者は，安全を確保するためにどのようなものを使用し，また，どのようなものを用意しておかなければならないか。　　　　　　　　　　　　（船員労働安全衛生規則）

　㈣　海洋汚染等及び海上災害の防止に関する法律で規定されている「油記録簿」について述べた次の(A)と(B)の文について，それぞれの正誤を判断し，下の⑴～⑷のうちからあてはまるものを選べ。

> (A)　タンカー以外の船舶でビルジが生ずることのないものは，油記録簿を備え付ける必要がない。
> (B)　船長は，油記録簿をその最後の記載をした日から5年間船舶内に保存しなければならない。

(1)　(A)は正しく，(B)は誤っている。　(2)　(A)は誤っていて，(B)は正しい。
(3)　(A)も(B)も正しい。　　　　　　　(4)　(A)も(B)も誤っている。

解答 1　(一)　大型船舶若しくはえい航作業に従事している船舶に接近し，又は近距離で他の船舶に接近するときは，これと衝突するおそれがあり得ることを考慮しなければならない。　　　　（海上衝突予防法第7条第4項）

(二)　(1)　「行会い船」の関係　　　　　（海上衝突予防法第14条第2項）

(2)　各動力船は，互いに他の動力船の左げん側を通過することができるように，それぞれ針路を右に転じなければならない。

（海上衝突予防法第14条第1項）

(3)　両げん灯が見えたり，片方のげん灯しか見えなかったりする状況は，行会い船の状況にあるかどうかを確かめることができない場合であるので，行会い船の状況にあると判断し，行会い船の航法が適用される。

（海上衝突予防法第14条第3項）

(三)　(1)　(ア)　船舶その他の物件を引いている長さ50メートル以上の動力船で，えい航物件の後端までの距離が200メートル以下。正面をみせている。

(イ)　船舶その他の物件を引いている長さ50メートル未満の動力船で，えい航物件の後端までの距離が200メートルを超える。正面を見せている。

（海上衝突予防法第24条）

(2)　航行中の喫水制限船長さ50メートル以上の船舶で，対水速力があり右げん側を見せている。　　　　　　（海上衝突予防法第28条）

(3)　乗り揚げている船舶。　　（海上衝突予防法第30条第3項第3号）

解答 2　(一)　(一)　(1)　以下から3つ選んで解答。

①　海難を避けようとするとき
②　運転の自由を失ったとき
③　人命又は急迫した危険のある船舶の救助に従事するとき

　④　港長の許可を受けて工事又は作業に従事するとき　（港則法第12条）
　(2)　港の防波堤の入口又は入口付近で入航する汽船と出航する汽船とが出
　　会うおそれのあるとき。　　　　　　　　　　　　　　（港則法第15条）
㈡　(1)　答　㈎　　　　　　（海上交通安全法第4条，同法施行規則第3条）
　(2)　㈎　航路の中央から右の部分を航行しなければならない。
　　　　　　　　　　　　　　　　　　　　（海上交通安全法第11条第1項）
　　㈏　対水速力12ノット　　（海上交通安全法第5条，同施行規則第4条）

解答 3　㈠　(1)　急速に短音を5回以上鳴らす汽笛信号（警告信号（疑問
　　信号））　　　　　　　　　　　　　　（海上衝突予防法第34条第5項）
　(2)　2分を超えない間隔で，長音1回を鳴らす汽笛信号（霧中信号）
　　　　　　　　　　　　　　　　　　　（海上衝突予防法第35条第2項）
㈡　(1)　人命の救助に必要な手段を尽くさなければならない。但し，自己の
　　指揮する船舶に急迫した危険のある場合及び国土交通省令の定める場合
　　は，この限りではない。　　　　　　　　　　　　　　（船員法第14条）
　(2)　船長は，遅滞なく，国土交通大臣に報告しなければならない。
　　　　　　　　　　　　　　　（船員法第19条，船員法施行規則第14条）
㈢　【使用するもの】
　・命綱又は作業用救命衣　　（船員労働安全衛生規則第52条第1項第1号）
　・安全な昇降用具　　　　　（船員労働安全衛生規則第52条第1項第2号）
　【用意するべきもの】
　・作業場所の付近に，救命浮環等の直ちに使用できる救命器具
　　　　　　　　　　　　　　（船員労働安全衛生規則第52条第1項第6号）
㈣　答：(1)
　(A)　正しい：
　　　　　　　　（海洋汚染等及び海上災害の防止に関する法律第8条第1項）
　(B)　間違い：3年
　　　　　　　　（海洋汚染等及び海上災害の防止に関する法律第8条第3項）

2022年 7月 定期

法規に関する科目

(配点 各問100，総計300)

〈2 時 間〉

問題 1 海上衝突予防法に関する次の問いに答えよ。

(一) 本法の規定により，運転不自由船であることを示す灯火又は形象物を表示しなければならない船舶は，次のうちどれか。

(1) 洋上で接舷して，他の船舶に漁獲物を積み替え中の漁船

(2) 機関故障のため，他の船舶に引かれている船舶

(3) 舵の故障のため，びょう泊して修理中の船舶

(4) 機関故障のため，漂泊して修理中の船舶

(二) 夜間，航行中の一般動力船 A 丸が一般動力船 B 丸（長さ20メートル）を，右図の態勢で追い越す場合：

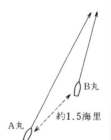

(1) A 丸から見た B 丸の灯火は，次の(ア)と(イ)のとき，それぞれどのように見えるか。略図で示せ。

(ア) A 丸が，B 丸の後方(図の位置)にあるとき。

(イ) A 丸が，B 丸の正横にあるとき。

(2) 接近し衝突のおそれがある場合，A 丸及び B 丸は，それぞれどのような措置をとらなければならないか。

(三) 下図(1)〜(3)に示す灯火及び形象物は，それぞれどのような船舶のどのような状態を表すか。ただし，図中の○は白灯，◉は紅灯，⊗は緑灯を，また，(3)は形象物を示す。

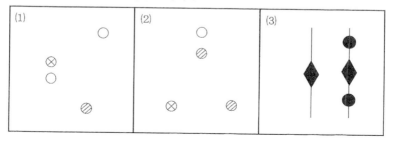

問題 2　㈠　港則法及び同法施行規則に関する次の問いに答えよ。
　(1)　特定港に入港したとき，港長に「入港届」を提出しなくてよいのは，どのような船舶か。2つあげよ。
　(2)　入航する汽船が港の防波堤の入口又は入口付近で，出航する汽船と出会うおそれがあるときは，どのようにしなければならないか。
　(3)　ろかいを用いて航行中の船舶は，夜間，港内においては，どのような灯火を表示しなければならないか。
　㈡　海上交通安全法及び同法施行規則に関する次の問いに答えよ。
　(1)　緊急用務を行う船舶を除き，速力の制限が定められている航路を制限速力以上で航行することは，どのような場合に限り認められるか。
　(2)　追越し船で汽笛を備えているものは，航路において他の船舶を追い越そうとするときは，どのような汽笛信号を行わなければならないか。
　(3)　船舶が伊良湖水道航路をこれに沿って航行する場合は，どのような速力で，どのように航行しなければならないか。

問題 3　㈠　「各種船舶間の航法」により，航行中の一般動力船は，どのような船舶の進路を避けなければならないか。　（海上衝突予防法）
　㈡　船長は，自動操舵装置の使用に関し，どのような事項を遵守しなければならないか。2つあげよ。　　　　　（船員法施行規則）
　㈢　安全担当者は，次の(1)及び(2)については，それぞれどのような業務を行わなければならないか。　　（船員労働安全衛生規則）
　(1)　作業設備及び作業用具　　　　(2)　発生した災害
　㈣　油記録簿に関して述べた次の文のうち，誤っているものはどれか。
　　　　　　　　　（海洋汚染等及び海上災害の防止に関する法律）
　(1)　油記録簿の船内保存期間は，最後の記載をした日から3年間である。
　(2)　油記録簿の様式，油記録簿への記載事項等は，法律で定められている。
　(3)　引かれ船等以外のタンカーは，油記録簿の船内備付けが義務づけられている。
　(4)　油濁防止管理者が選任されていない船舶では，機関長が油記録簿に記載する。

解答 1 (一) (4) 機関故障のため，漂泊している船舶

（海上衝突予防法第3条第6項）

(二) (1) (ア) 船尾灯（白灯）1個が見える。

(イ) マスト灯（白灯）1個と左げん灯（紅灯）1個が見える。

（海上衝突予防法第21条第1項，第2項，第4項）

(2) 追越し船A丸の動作

① 針路を大幅に転じてB丸からできるだけ遠ざかる態勢で追い越す。

② B丸を確実に追越し，十分に遠ざかるまでA丸の進路を避ける。

③ 転舵している際には，所定の信号を行う。

追い越される船舶B丸の動作

① A丸の動静に注意しながら，針路・速力を保持する。

② A丸の追越し動作に疑いがあるときは，直ちに急速に短音5回以上の警告信号を行い，A丸に避航を促す。

③ それでもA丸が接近して衝突のおそれを生じた場合は，衝突回避のための最善の動作をとる。この場合，転舵又は機関を後進にかけているときは所定の信号を行う。

（海上衝突予防法第13条，第17条，第34条）

(三) (1) トロールにより漁ろうに従事している長さ50メートル以上の船舶で，対水速力があり，左げん側を見せている。

（海上衝突予防法第26条第1項）

(2) 水先業務に従事している船舶で正面を見せている。

（海上衝突予防法第29条）

(3) 航行中の進路から離れることを著しく制限するえい航作業に従事している操縦性能制限船。えい航物件の後端までの距離が200メートルを超える。

（海上衝突予防法第27条第3項）

解答 2 (一) (1) 以下から2つ解答。

① 総トン数20トン未満の船舶

② 端舟その他ろかいのみをもって運転し，又は主としてろかいをもって運転する船舶

③ 平水区域を航行区域とする船舶

④ 旅客定期航路事業に使用される船舶であって，港長の指示する入港

　　　実績報告書及び定められた書面を港長に提出している船舶

　　⑤　あらかじめ港長の許可を受けた船舶

　　　　　　　　　　　　（港則法第４条，同法施行規則第２条第１項第１〜３号，

　　　　　　　　　　　　　　　　　　　　　　同法施行規則第21条第１項）

　(2)　入航する汽船は，防波堤の外で出航する汽船の進路を避けなければな

　　らない。　　　　　　　　　　　　　　　　　　　　　（港則法第15条）

　(3)　港内でろかいを用いて航行中の船舶は，白色の携帯電灯又は点火した

　　白灯を周囲から最も見えやすい場所に表示しなければならない。

　　　　　　　　　　　　　　　　　　　　　　　　　　　（港則法第26条）

（二）　(1)　①　海難を避けるため。

　　　　②　人命若しくは他の船舶を救助するためやむを得ない事由があるとき。

　　　　　　　　　　　　　　　　　　　　　（海上交通安全法第５条）

　(2)　①　他船の右げん側を追い越そうとするときは，汽笛長音１回に引き

　　　続く短音１回。

　　　②　他船の左げん側を追い越そうとするときは，汽笛長音１回に引き続

　　　く短音２回。　　　（海上交通安全法第６条，同法施行規則第５条）

　(3)　航路全区間において，横断する場合を除き，対水速力12ノットを超え

　　ない速力で，できる限り，航路の中央から右の部分を航行しなければな

　　らない。　　　　　　　　（海上交通安全法第５条，同法第13条）

解答 3　（一）　次の船舶の進路を避けなければならない。

①　運転不自由船

②　操縦性能制限船

③　漁ろうに従事している船舶

④　帆船　　　　　　　　　　　（海上衝突予防法第18条第１項第１〜４号）

（二）　以下から２つ選ぶ。

①　自動操舵装置を長時間使用したとき又は船舶交通のふくそうする海域，

　　視界が制限されている状態にある海域その他の船舶に危険のおそれがあ

　　る海域を航行しようとするときは，手動操舵を行うことができるかどう

　　かについて検査すること。

②　船舶交通のふくそうする海域，視界が制限されている状態にある海域

　　その他の船舶に危険のおそれがある海域を航行する場合に自動操舵装置

　　を使用するときは，直ちに手動操舵を行うことができるようにしておく

　　とともに，操舵を行う能力を有する者が速やかに操舵を引き継ぐことが

できるようにしておくこと。

③　自動操舵から手動操舵への切換え及びその逆の切換えは，船長若しく
は甲板部の職員により又はその監督の下に行わせること。

（船員法施行規則第3条の15）

㈢　(1)　点検及び整備に関すること。（船員労働安全衛生規則第5条第1号）

　(2)　原因の調査に関すること。　　（船員労働安全衛生規則第5条第4号）

㈣　答　(4)　（海洋汚染等及び海上災害の防止に関する法律第7条第2項）

〈参考〉(4)　誤り：船長が記載する。

　(1)　正解：（海洋汚染等及び海上災害の防止に関する法律第8条第3項）

　(2)　正解：（海洋汚染等及び海上災害の防止に関する法律第8条第4項）

　(3)　正解：（海洋汚染等及び海上災害の防止に関する法律第8条第1項）

2022年10月 定期

法規に関する科目

（配点 各問100，総計300）

〈2 時間〉

問題 1　海上衝突予防法に関する次の問いに答えよ。

（一）　視界制限状態にある水域を航行中の動力船について：

（1）　機関は，どのようにしておかなければならないか。

（2）　前方近距離に，他の船舶が行う視界制限状態における音響信号を聞いた場合は，他の船舶と衝突するおそれがないと判断した場合を除き，どのようにしなければならないか。

（二）　「各種船舶間の航法」に関し，航行中の帆船（漁ろうに従事している船舶を除く。）と航行中の漁ろうに従事している船舶とが接近し，衝突するおそれがある場合，両船は，それぞれどのような航法をとらなければならないか。

（三）　下図(1)～(3)に示す灯火及び形象物は，それぞれどのような船舶のどのような状態を表すか。ただし，図中の○は白灯，◎は紅灯，⊗は緑灯を，また，(3)は形象物を示す。

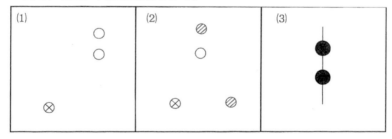

問題 2　（一）　海上交通安全法及び同法施行規則に関する次の問いに答えよ。

（1）　航路における一般的航法によると，航路を横断する船舶は，どのような方法で横断しなければならないか。

（2）　浦賀水道航路について：

（ア）　この航路に沿って航行するときは，どのように航行しなければならないか。

　（イ）　この航路においては，航路を横断する場合を除き，何ノットを超える速力で航行してはならないか。（その速力が対地なのか対水なのかも含めること。）

㈡　港則法に関する次の問いに答えよ。

　⑴　右図に示すように，特定港の航路を航行中の動力船Ａ（総トン数600トン）と航路に入ろうとする動力船Ｂ（総トン数2000トン）とが衝突するおそれがあるとき，Ａ及びＢはそれぞれどのような措置をとらなければならないか。

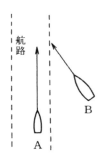

　⑵　喫煙等の制限についてはどのように規定されているか。

[問題] 3　㈠　船舶は，常時安全な速力で航行しなければならないが，この速力は，どのような動作をとることができるものでなければならないか。　（海上衝突予防法）

㈡　船長が，甲板にあって自ら船舶を指揮しなければならないのは，どのようなときか。　（船員法）

㈢　衛生担当者は，次の⑴～⑶の事項に関して，それぞれどのような業務を行うか。　（船員労働安全衛生規則）

　⑴　食料及び用水

　⑵　医薬品その他の衛生用品

　⑶　負傷又は疾病が発生した場合

㈣　海洋汚染等及び海上災害の防止に関する法律の規定によると，船舶における油の排出その他油の取扱いに関する作業で国土交通省令で定めるものが行われたときは，誰が，どのような書類へ，そのことを記載しなければならないか。正しいものを次のうちから選べ。

　⑴　当直機関士が機関日誌へ記載する。

　⑵　当直機関士が油記録簿へ記載する。

　⑶　油濁防止管理者が油記録簿へ記載する。

　⑷　油濁防止管理者が機関日誌へ記載する。

[解答] 1　㈠　⑴　機関は，直ちに操作することができるようにしておかなければならない。　（海上衝突予防法第19条第2項）

⑵　その速力を針路を保つことができる最小限度の速力に減じなければな

らず，また，必要に応じて停止しなければならない。そして衝突の危険がなくなるまで十分に注意して航行しなければならない。

（海上衝突予防法第19条第6項）

(二) 【航行中の帆船】漁ろうに従事している船舶の進路を避けなければならない。　　　　　　　　　　　（海上衝突予防法第18条第2項）

【航行中の漁ろうに従事している船舶】針路・速力を保持する。

（海上衝突予防法第17条第1項）

(三) (1)　船舶その他の物件を引いている長さ50メートル未満の動力船で，えい航物件の後端までの距離が200メートル以下で右げん側を見せている。

（海上衝突予防法第24条第1項第1号）

(2)　トロール以外の漁法により漁ろうに従事している長さ50メートル未満の船舶で，対水速力があり，正面を見せている。

（海上衝突予防法第26条第2項）

(3)　航行中の長さ12メートル以上の運転不自由船。

（海上衝突予防法第27条第1項）

解答 2　(一) (1)　航路を横断する船舶は，当該航路に対しできる限り直角に近い角度で，すみやかに横断しなければならない。

（海上交通安全法第8条）

(2)　(ア)　航路の中央から右の部分を航行しなければならない。

（海上交通安全法第11条第1項）

(イ)　対水速力12ノット　　（海上交通安全法第5条，同施行規則第4条）

(二) (1)　・動力船Aの措置

① 動力船Bの動静に注意しながら，進路・速力を保持して進行する。

② 動力船Bに避航の様子がなく接近するようであれば，警告信号（急速に短音5回以上）を行う。

③ それでも動力船Bが接近し，衝突のおそれを生じた場合は，機関を使用して行きあしを停止するなどの衝突回避のための最善の協力動作をとる。この場合，転舵又は機関後進を行った場合には所定の信号を行う。

・動力船Bの措置

① 直ちに動力船Aに対する避航動作をとる。

② 避航の動作を動力船Aが容易に認めることができるよう大幅に行う。

③ 転舵及び機関の使用においては所定の信号を行う。

（港則法第13条，海上衝突予防法第17条，第34条第 5 項）

(2)　① 何人も，港内においては，相当の注意をしないで，油送船の附近で喫煙し，又は火気を取り扱ってはならない。

（港則法第37条第 1 項）

　　② 港長は，海難の発生その他の事情により特定港内において引火性の液体が浮流している場合において，火災の発生のおそれがあると認めるときは，当該水域にある者に対し，喫煙又は火気の取扱いを制限し，又は禁止することができる。　　（港則法第37条第 2 項）

解 答 3 ㈠ 他の船舶との衝突を避けるための適切かつ有効な動作をとること又はその時の状況に適した距離で停止することができる速力。

（海上衝突予防法第 6 条）

㈡　次の場合
・船舶が港を出入するとき
・船舶が狭い水路を通過するとき
・その他船舶に危険のおそれがあるとき（視界制限状態や船舶輻輳海域を航行するときなど）　　（船員法第10条）
㈢　(1)　衛生の保持に関する業務
　(2)　点検及び整備に関する業務
　(3)　適当な救急措置に関する業務

（船員労働安全衛生規則第 8 条第 1 項第 2 ～ 4 号）
㈣　答　(3)　油濁防止管理者が油記録簿へ記載する。

（海洋汚染等及び海上災害の防止に関する法律第 8 条第 2 項）

2023年 2月　定　期

法規に関する科目

（配点　各問100，総計300）

〰〰〰〰〰〰〰〰〰〰〰〰〰〰〰〰〰〰〰〰〰〰〰〰〰〰〰〰〰〰〰〈2　時　間〉〰〰〰〰

問題 1　海上衝突予防法に関する次の問いに答えよ。

（一）　狭い水道等における航法について，航行中の動力船（漁ろうに従事
している船舶を除く。）と漁ろうに従事している船舶が互いに接近し
衝突するおそれがあるときは，両船はそれぞれどのような航法をとら
なければならないか。

（二）　レーダーを使用していない船舶が，「安全な速力」を決定するに当
たり特に考慮しなければならない事項として，次の(1)及び(2)のほかど
のような事項があるか。

（1）　視界の状態

（2）　船舶交通のふくそうの状況

（三）　下図(1)〜(3)に示す灯火及び形象物は，それぞれどのような船舶のど
のような状態を表すか。ただし，図中の○は白灯，◎は紅灯，⊗は緑
灯を，また，(3)は形象物を示す。

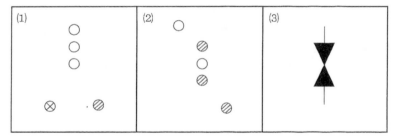

問題 2　（一）　海上交通安全法及び同法施行規則に関する次の問いに答え
よ。

（1）　次の(ア)〜(ウ)の航路を船舶がこれに沿って航行する場合は，どのよう
うな速力で，どのように航行しなければならないか。

　(ア)　中ノ瀬航路　　　　(イ)　明石海峡航路　　　　(ウ)　宇高東航路

（2）　本法に定める航路において，他の船舶の右舷側を追い越そうとす
る船舶が行う汽笛信号は，次のうちどれか。

(ア) 長音 1 回に引き続く短音 1 回

(イ) 長音 1 回に引き続く短音 2 回

(ウ) 長音 2 回に引き続く短音 1 回

(エ) 長音 2 回に引き続く短音 2 回

(二) 港則法に関する次の問いに答えよ。

(1) 「汽艇等」とは，どのような船舶か。

(2) 下の枠内は法第23条第 1 項の規定である。□□□内に適合する語句を記号とともに記せ。

> 第23条第 1 項　何人も，　(ア)　又は　(イ)　以内の水面においては，みだりに，バラスト，廃油，石炭から，ごみその他これに類する廃物を捨ててはならない。

(3) 港内における漁ろうの制限については，どのように規定されているか。

問題3 (一) 視界制限状態にある水域を航行中の船舶が，その速力を，針路を保つことができる最小限度の速力に減じなければならず，また，必要に応じて停止しなければならないのは，どのような場合か。

(海上衝突予防法)

(二) 船長は，自動操舵装置の使用に関し，どのような事項を遵守しなければならないか。2 つあげよ。 (船員法施行規則)

(三) 船員労働安全衛生規則に定められている安全担当者の業務として正しいものは，次のうちどれか。

(1) 居住環境衛生の保持に関すること。

(2) 発生した疾病の原因の調査に関すること。

(3) 消火器具の点検及び整備に関すること。

(4) 食料及び用水の衛生の保持に関すること。

(四) 油記録簿に関する次の問いに答えよ。

(1) 油記録簿への記載は，通常，誰が行うか。

(2) 油記録簿は，いつから，何年間船舶内に保存しておかなければならないか。

(3) (1)及び(2)の事項を規定している法規名を記せ。

解答 1 (一) (1) ① 航行中の動力船は，漁ろうに従事している船舶の進路

を避けなければならない。

　② 漁ろうに従事している船舶は，狭い水道等の内側を航行している動
　　力船の通航を妨げてはならない。

　　　　　　　　　　　　　　　　　　（海上衝突予防法第 9 条第 3 項）

(二)　次の事項がある。

　① 自船の停止距離，旋回性能その他の操縦性能

　② 夜間における陸岸の灯火，自船の灯火の反射等による灯光の存在

　③ 風，海面及び海潮流の状態並びに航路障害物に接近した状態

　④ 自船の喫水と水深との関係

　　　　　　　　　　　　（海上衝突予防法第 6 条第 1 項第 3 号から第 6 号）

(三)　(1)　(ア)　船舶その他の物件を引いている長さ50メートル以上の動力船
　　　　　　で，えい航物件の後端までの距離が200メートル以下。正面を見せて
　　　　　　いる。

　　　(イ)　船舶その他の物件を引いている長さ50メートル未満の動力船で，え
　　　　　　い航物件の後端までの距離が200メートルを超える。正面を見せている。

　　　　　　　　　　　　　　　　　　　　　（海上衝突予防法第24条）

　　(2)　航行中の操縦性能制限船で，長さ50メートル未満の船舶で，対水速力
　　　　があり，左げん側を見せている。　　　（海上衝突予防法第27条第 2 項）

　　(3)　漁ろうに従事している船舶

　　　　　　　　　　　　（海上衝突予防法第26条第 1 項第 4 号，第 2 項第 4 号）

解答 2　　(一)　(1)　(ア)　対水速力12ノットを超えない船速で，北の方向に航
　　　行しなければならない。

　　　　　　　（海上交通安全法第 5 条，第11条第 2 項，同法施行規則第 4 条）

　　　(イ)　安全な速力で，航路の中央から右の部分を航行しなければならない。

　　　　　　　　　　　　　　　　　　　　　（海上交通安全法第15条）

　　　(ウ)　安全な速力で，北の方向に航行しなければならない。

　　　　　　　　　　　　　　　　　　　　（海上交通安全法第16条第 2 項）

　　(2)　答　(イ)　　　　（海上交通安全法第 6 条，同法施行規則第 5 条）

(二)　(1)　総トン数20トン未満の汽船，はしけ及び端舟その他ろかいのみを
　　　もって運転し，又は主としてろかいをもって運転する船舶をいう。

　　　　　　　　　　　　　　　　　　　　　　　　　　（港則法第 3 条）

　　(2)　(ア)　港内　　　(イ)　港の境界外10,000メートル

　　(3)　船舶交通の妨となるおそれのある港内の場所においては，みだりに漁

ろうをしてはならない。　　　　　　　　　　　　　　（港則法第35条）

解答 3 ㈠　他の船舶と衝突するおそれがないと判断した場合を除き，以
下の２つの場合
①　他の船舶が行う視界制限状態における音響信号を自船の正横より前方
に聞いた場合。
②　自船の正横より前方にある他の船舶と著しく接近することを避けるこ
とができない場合。　　　　　　　　　（海上衝突予防法第19条第６項）
㈡　以下から２つ選ぶ。
①　自動操舵装置を長時間使用したとき又は船舶交通のふくそうする海域，
視界が制限されている状態にある海域その他の船舶に危険のおそれがあ
る海域を航行しようとするときは，手動操舵を行うことができるかどう
かについて検査すること。
②　船舶交通のふくそうする海域，視界が制限されている状態にある海域
その他の船舶に危険のおそれがある海域を航行する場合に自動操舵装置
を使用するときは，直ちに手動操舵を行うことができるようにしておく
とともに，操舵を行う能力を有する者が速やかに操舵を引き継ぐことが
できるようにしておくこと。
③　自動操舵から手動操舵への切換え及びその逆の切換えは，船長若しく
は甲板部の職員により又はその監督の下に行わせること。
　　　　　　　　　　　　　　　　　　　　　（船員法施行規則第３条の15）
㈢　答　(3)　　　　　　　　（船員労働安全衛生規則第５条第１項第２号）
【参考】(3)以外は衛生担当者の業務
　　　　　　　　　　　　（同則第８条第１項第１号，第５号及び第２号）
㈣　(1)　油濁防止管理者
　　　　　（海上汚染等及び海上災害の防止に関する法律第８条第２項）
　　(2)　最後の記載をした日から３年間
　　　　　（海上汚染等及び海上災害の防止に関する法律第８条第３項）
　　(3)　海上汚染等及び海上災害の防止に関する法律

2023年4月　定　期

法規に関する科目

（配点　各問100，総計300）

〈2　時　間〉

問題1　海上衝突予防法に関する次の問いに答えよ。

㈠　追越し船の航法について：

(1)　どのような船舶が「追越し船」か。

(2)　追越し船Aと追い越される船舶Bが接近して衝突のおそれがある場合は，それぞれどのような措置を講じるべきか。

㈡　船舶が，他の船舶との衝突を避けるための動作をとる場合について：

(1)　できる限り，十分に余裕のある時期に，どのように，その動作をとらなければならないか。

(2)　針路又は速力の変更を行う場合には，できる限り，どのように行わなければならないか。

㈢　下図(1)～(3)に示す灯火及び形象物は，それぞれどのような船舶のどのような状態を表すか。ただし，図中の○は白灯，◎は紅灯，⊗は緑灯を，また，(3)は形象物を示す。

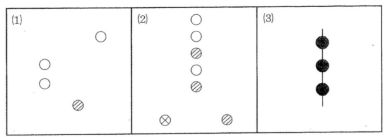

問題2　㈠　海上交通安全法及び同法施行規則に関する次の問いに答えよ。

(1)　次の(ｱ)～(ｳ)の航路を船舶がこれに沿って航行する場合は，どのような速力で，どのように航行しなければならないか。

　　(ｱ)　水島航路　　　　　(ｲ)　明石海峡航路　　　　　(ｳ)　宇高西航路

(2)　航路の付近にある国土交通省令で定める2地点間を航行しようと

するとき，航路の全区間又は一部区間を航行しなければならない船舶として定められているものは，次のうちどれか。

- (ア)　総トン数300トン以上の船舶
- (イ)　総トン数500トン以上の船舶
- (ウ)　長さ24メートル以上の船舶
- (エ)　長さ50メートル以上の船舶

(二)　港則法に関する次の問いに答えよ。

- (1)　船舶が航路内で投びょうし，又はえい航している船舶を放すことが認められるのは，どのような場合か。3つ述べよ。
- (2)　船舶が，港内において，防波堤，ふとうその他の工作物の突端又は停泊船舶の付近を航行するときは，どのように航行しなければならないか。

問題3　(一)　船舶は，次の(1)及び(2)の場合には，それぞれどのような汽笛信号を行わなければならないか。　　　　　（海上衝突予防法）

- (1)　互いに他の船舶の視野の内にある船舶が互いに接近する場合において，他の船舶の意図又は動作を理解することができないとき。
- (2)　航行中の一般動力船が，視界制限状態において，対水速力があるとき。

(二)　船舶に海難が発生した場合，船員法及び同法施行規則の規定により，船長が「航行に関する報告」をしようとするとき，地方運輸局長等に提示しなければならない書類は，次のうちどれか。

- (1)　乗組員名簿　　　　(2)　旅客名簿
- (3)　航海日誌　　　　(4)　積荷に関する書類

(三)　「舷外（げん外）作業」を行う場合，作業に従事する者は，安全を確保するためにどのようなものを使用し，また，どのようなものを用意しておかなければならないか。　　　　（船員労働安全衛生規則）

(四)　海洋汚染等及び海上災害の防止に関する法律において，次の(1)及び(2)の用語の定義はそれぞれどのように定められているか。

- (1)　廃棄物　　　　　　(2)　ビルジ

解答1　(一)　(1)　互いに他の船舶の視野の内にあって，追い越される船舶の正横後22度30分を超える後方の位置（夜間にあってはげん灯のいずれも見ることができない位置）からその船舶を追い越す船舶。

（海上衝突予防法第13条第 2 項）

(2)　【追越し船 A 丸の動作】

①　B 丸から十分に遠ざかるため，できる限り早期に，かつ，大幅に動作をとる。　　　　　　　　　　　　　　　　（海上衝突予防法第16条）

②　B 丸を確実に追い越し，十分に遠ざかるまで B 丸の進路を避ける。

（海上衝突予防法第13条第 1 項）

③　転舵している際には，所定の信号を行う。

（海上衝突予防法第34条第 1 項）

【追い越される船舶 B 丸の動作】

①　A 丸の動静に注意しながら，針路・速力を保持する。

（海上衝突予防法第17条）

②　A 丸の追越し動作に疑いがあるときは，直ちに急速に短音 5 回以上の警告信号を行い，A 丸に避航を促す。

（海上衝突予防法第34条第 5 項）

③　それでも A 丸が接近して衝突のおそれを生じた場合は，衝突回避のための最善の協力動作をとる。この場合，転舵又は機関を後進にかけているときは所定の信号を行う。

（海上衝突予防法第17条第 3 項，同法第34条第 1 項）

(二) (1)　船舶の運用上の適切な慣行に従ってためらわずにその動作をとらなければならない。　　　　　　　　　　（海上衝突予防法第 8 条第 1 項）

(2)　その変更を他の船舶が容易に認めることができるように大幅に行わなければならない。　　　　　　　　　　（海上衝突予防法第 8 条第 2 項）

(三) (1)　船舶その他の物件を引いている長さ50メートル以上の動力船で，えい航物件の後端までの距離が200メートル以下で左げん側を見せている。

（海上衝突予防法第24条第 1 項）

(2)　航行中の操縦性能制限船で，長さ50メートル以上の船舶で，対水速力があり，正面を見せている。　　　　（海上衝突予防法第27条第 2 項）

(3)　長さ12メートル以上の乗り揚げている船舶

（海上衝突予防法第30条第 3 項）

解答 2　(一)　(1)　(2)　(ア)　対水速力12ノット以下で，できる限り航路の中央から右の部分を航行しなければならない。

（海上交通安全法第18条第 3 項，同施行規則第 4 条）

(イ)　安全な速力で，航路の中央から右の部分を航行しなければならない。

　　　　　　　　　　　　　　　　　　　（同法第15条第 1 項）
　㈼　安全な速力で，南の方向に航行しなければならない。
　　　　　　　　　　　　　　　　　　　　（同法第16条第 3 項）
　⑵　答　㈍　　　　　　　　（海上交通安全法第 4 条，同法施行規則第 3 条）
㈡　⑴　以下から 3 つ選んで解答。
　　①　海難を避けようとするとき
　　②　運転の自由を失ったとき
　　③　人命又は急迫した危険のある船舶の救助に従事するとき
　　④　港長の許可を受けて工事又は作業に従事するとき　（港則法第12条）
　⑵　防波堤，ふとうその他の工作物の突端又は停泊船舶を右げんに見て航
　　行するときは，できるだけこれに近寄り，左げんに見て航行するときは，
　　できるだけこれに遠ざかって航行しなければならない。（港則法第17条）
　　〈参考〉「右小回り，左大回り」の原則

解答 3　㈠　⑴　急速に短音を 5 回以上鳴らす汽笛信号（警告信号（疑問
　　信号））　　　　　　　　　　　　　　（海上衝突予防法第34条第 5 項）
　⑵　 2 分を超えない間隔で，長音 1 回を鳴らす汽笛信号（霧中信号）
　　　　　　　　　　　　　　　　　　　（海上衝突予防法第35条第 2 項）
㈡　⑶　航海日誌　　　　　　　　　　　　　（船員法施行規則第14条）
㈢　【使用するもの】
　　・墜落制止用器具又は作業用救命衣（船員労働安全衛生規則第52条第 1 項
　　　第 1 号）
　　・安全な昇降用具　　　　　（船員労働安全衛生規則第52条第 1 項第 2 号）
　　【用意するべきもの】
　　・作業場所の付近に，救命浮環等の直ちに使用できる救命器具
　　　　　　　　　　　　　　　（船員労働安全衛生規則第52条第 1 項第 6 号）
㈣　⑴　人が不要とした物（油及び有害液体物質を除く。）をいう。
　　　　　　　　　（海洋汚染等及び海上災害の防止に関する法律第 3 号第 6 号）
　⑵　船底にたまった油性混合物をいう。
　　　　　　　　　（海洋汚染等及び海上災害の防止に関する法律第 3 号第12号）

2023年 7月 定期

法規に関する科目

（配点　各問100，総計300）

〈2 時 間〉

問 題 1　海上衝突予防法に関する次の問いに答えよ。

(一)　夜間，航行中の一般動力船Ａが一般動力船Ｂ（長さ20メートル）を，右図の態勢で追い越す場合：

(1)　Ａから見たＢの灯火は，次の(ア)と(イ)のとき，それぞれどのように見えるか。略図で示せ。

　(ア)　Ａが，Ｂの後方（図の位置）にあるとき。

　(イ)　Ａが，Ｂの正横にあるとき。

(2)　Ａ及びＢは，それぞれどのような措置をとらなければならないか。

(二)　本法で定める灯火について：

(1)　船舶は，いつからいつまでの間表示しなければならないか。

(2)　(1)の場合のほか，どのような場合に表示しなければならないか。

(三)　下図(1)〜(3)に示す灯火及び形象物は，それぞれどのような船舶のどのような状態を表すか。ただし，図中の○は白灯，◎は紅灯，⊗は緑灯を，また，(3)は形象物を示す。

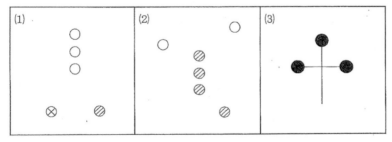

問 題 2　(一)　海上交通安全法及び同法施行規則に関する次の問いに答えよ。

(1)　巨大船と巨大船以外の他の船舶（長さが国土交通省令で定める長さ以上のものに限る。）とが航路内で行き会うことが予想される場合，危険な行会いを避けるため，海上保安庁長官が，当該巨大船以

外の他の船舶に対して，信号その他の方法により，必要な間航路外で待機すべき旨を指示することができる航路の名称を記せ。

(2) 浦賀水道航路を航行する船舶の航法について述べた次の(ア)〜(エ)のうち，正しいものはどれか。

(ア) 航路の全区間で，できる限り，航路の中央から右の部分を航行しなければならない。

(イ) 航路の全区間で，航路を横断してはならない。

(ウ) 航路の全区間で，十分な余地があっても他の船舶を追い越してはならない。

(エ) 航路の全区間で，当該航路を横断する場合を除き，対水速力12ノットを超えない速力で航行しなければならない。

(二) 港則法に関する次の問いに答えよ。

(1) 特定港に出入するのに航路によらなければならないのは，どのような船舶か。また，航路を航行している船舶が，航路内で他の船舶と行き会うときは，どのようにしなければならないか。

(2) 危険物を積載した船舶が，特定港に入港しようとする場合は，どのようにしなければならないか。

(3) ろかいを用いて航行中の船舶は，夜間，港内においては，どのような灯火を表示しなければならないか。

問題 3 (一) レーダーを使用していない船舶が，「安全な速力」を決定するに当たり特に考慮しなければならない事項として，次の(1)及び(2)のほかどのような事項があるか。 （海上衝突予防法）

(1) 視界の状態

(2) 船舶交通のふくそうの状況

(二) 船長が自己の指揮する船舶を去ってはならないのは，いつからいつまでの間か。また，この間に船長が所用で船舶を去る必要があるときは，船長はどのようにしておかなければならないか。 （船員法）

(三) 船員労働安全衛生規則に定められている安全担当者の業務として，誤っているものは，次のうちどれか。

(1) 消火器具及び保護具の点検及び整備

(2) 作業設備及び作業用具の点検及び整備

(3) 救命艇及び救命いかだの点検及び整備

(4) 検知器具及び安全装置の点検及び整備

(四) 油記録簿に関する次の問いに答えよ。

  (1)　油記録簿への記載は，通常，誰が行うか。

  (2)　油記録簿は，いつから，何年間船舶内に保存しておかなければならないか。

  (3)　(1)及び(2)の事項を規定している法規名を記せ。

解答 1　㈠　(1)　㈠　船尾灯（白灯）１個が見える。

  ㈡　マスト灯（白灯）１個と左げん灯（紅灯）１個が見える。

    （海上衝突予防法第21条第１項，第２項，第４項）

㈡　(1)　日没から日出までの間

  (2)　視界制限状態においては，日出から日没までの間にあっても法定灯火を表示しなければならない。（海上衝突予防法第20条第１項及び第２項）

㈢　(1)　㈠　船舶その他の物件を引いている長さ50メートル以上の動力船で，えい航物件の後端までの距離が200メートル以下。正面を見せている。

  ㈡　船舶その他の物件を引いている長さ50メートル未満の動力船で，えい航物件の後端までの距離が200メートルを超える。正面を見せている。（海上衝突予防法第24条）

  (2)　航行中の喫水制限船。長さ50メートル以上で，対水速力があり，左げん側を見せている。（海上衝突予防法第28条）

  (3)　掃海作業に従事している操縦性能制限船。（海上衝突予防法第27条第６項）

解答 2　㈠　(1)　以下の２つの航路。

  ①　伊良湖水道航路　【解説】長さ130メートル以上の船舶（巨大船を除く）が対象。

  ②　水島航路　　　　【解説】長さ70メートル以上の船舶（巨大船を除く）が対象。（海上交通安全法施行規則第８条第２項）

  (2)　正しいのは㈡（海上交通安全法第11条）

㈡　(1)　【船舶】汽艇等以外の船舶（港則法第11条）

【航路内での行会い】航路内において他の船舶と行き会うときは，右側を航行しなければならない (港則法第13条第3項)

(2) 港の境界外で港長の指揮を受けなければならない。

(港則法第20条第1項)

(3) 港内でろかいを用いて航行中の船舶は，白色の携帯電灯又は点火した白灯を周囲から最も見えやすい場所に表示しなければならない。

(港則法第26条)

解答 3 (一) 次の事項がある。

① 自船の停止距離，旋回性能その他の操縦性能

② 夜間における陸岸の灯火，自船の灯火の反射等による灯光の存在

③ 風，海面及び海潮流の状態並びに航路障害物に接近した状態

④ 自船の喫水と水深との関係

(海上衝突予防法第6条第1項第3号から第6号)

(二) 【期間】荷物の船積及び旅客の乗り込みの時から荷物の陸揚げ及び旅客の上陸の時までの間は去ってはならない。

【措置】やむを得ない場合を除いて，自己に代わって船舶を指揮するべき者に自己の職務を委任してから去らなければならない。 (船員法第11条)

(三) 解答は(3)

(四) (1) 油濁防止管理者

(海洋汚染等及び海上災害の防止に関する法律第8条第2項)

(2) 最後の記載をした日から3年間

(海洋汚染等及び海上災害の防止に関する法律第8条第3項)

(3) 海洋汚染等及び海上災害の防止に関する法律

2023年10月　定　期

法規に関する科目

（配点　各問100，総計300）

《2　時　間》

[問題] 1　海上衝突予防法及び同法施行規則に関する次の問いに答えよ。

(一)　(1)　2隻の一般動力船が，夜間，互いに他の船舶の舷灯を見ながら接近する関係を何というか。

(2)　(1)の場合において，衝突するおそれがあるときは，各動力船はそれぞれどのような航法をとらなければならないか。

(3)　(1)の場合において，他の動力船の両側の舷灯が見えるときもあるが，片方の舷灯が見えなくなったり，また，もう一方の舷灯が見えなくなったりする状態を繰り返す場合に適用される航法規定を述べよ。

(二)　次の信号を行っているのは，それぞれどのような船舶か。

(1)　視界制限状態にある水域において2分を超えない間隔で長音1回を鳴らす汽笛信号

(2)　視界制限状態にある水域において2分を超えない間隔で長音1回に引き続く短音3回を鳴らす汽笛信号

(3)　オレンジ色の煙を発することによる信号

(三)　下図(1)～(3)に示す灯火及び形象物は，それぞれどのような船舶のどのような状態を表すか。ただし，図中の○は白灯，◎は紅灯，⊗は緑灯を，また，(3)は形象物を示す。

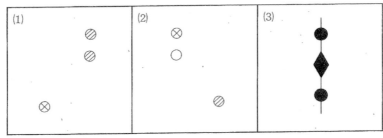

[問題] 2　(一)　海上交通安全法及び同法施行規則に関する次の問いに答えよ。

(1) 「進路を知らせるための措置」について：

　　(ア) 進路を他の船舶に知らせるため，信号による表示を行わなければならないのは，どのような船舶か。

　　(イ) (ア)の船舶は，進路の信号による表示をどのようなときに行わなければならないか。

(2) 来島海峡航路の潮流の流向を示す信号所の名称を３つあげよ。

(二) 港則法に関する次の問いに答えよ。

(1) 下図は，特定港内の航路を航行する汽艇 A（総トン数15トン）と，その航路を横切る動力船 B（総トン数550トン）とが，それぞれ図

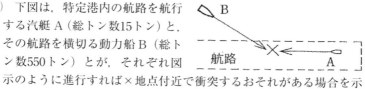

示のように進行すれば×地点付近で衝突するおそれがある場合を示す。この場合について：

　　(ア) 避航しなければならないのは，A 又は B のどちらか。

　　(イ) 適用される航法規定は何か。

(2) 船舶が航路内で投びょうし，又はえい航している船舶を放すことが認められるのは，どのような場合か。３つ述べよ。

問題 3 (一) 船舶が，接近してくる他の船舶のコンパス方位に明確な変化が認められる場合においても，これと衝突するおそれがあり得ることを考慮しなければならないのは，どのような場合か。

（海上衝突予防法）

(二) 船員法の規定によれば，年齢18年未満の船員（漁船船員及び家族船員を除く。）の夜間労働は，原則として，何時から何時までの間禁じられているか。次のうちから選べ。

(1) 午後７時から翌日の午前４時まで

(2) 午後８時から翌日の午前５時まで

(3) 午後９時から翌日の午前６時まで

(4) 午後10時から翌日の午前７時まで

(三) 船員労働安全衛生規則によると，油の浸みた布ぎれ，木くずその他の著しく燃え易い廃棄物は，どのように処理しなければならないか。

(四) 海洋汚染等及び海上災害の防止に関する法律において，次の(1)及び(2)の用語の定義はそれぞれどのように定められているか。

(1) 廃棄物　　　　　　　(2) ビルジ

解 答 **1** 　(一)　(1)　「行会い船」の関係　　　（海上衝突予防法第14条第2項）

　(2)　各動力船は，互いに他の動力船の左げん側を通過することができるように，それぞれ針路を右に転じなければならない。

　　　　　　　　　　　　　　　　　　　　（海上衝突予防法第14条第1項）

　(3)　両げん灯が見えたり，片方のげん灯しか見えなかったりする状況は，行会い船の状況にあるかどうかを確かめることができない場合であるので，行会い船の状況にあると判断し，行会い船の航法が適用される。

　　　　　　　　　　　　　　　　　　　　（海上衝突予防法第14条第3項）

(二)　(1)　視界制限状態にある水域において航行中の対水速力を有する動力船。

　　　　　　　　　　　　　　　　　　　　（海上衝突予防法第35条第2項）

　(2)　視界制限状態にある水域において他の動力船に引かれている航行中の乗組員が乗船している船舶（2隻以上ある場合は最後部のもの）。

　　　　　　　　　　　　　　　　　　　　（海上衝突予防法第35条第5項）

　(3)　遭難して救助を求めている船舶。

　　　　　　　　　（海上衝突予防法第37条，同法施行規則第22条第1項第10号）

(三)　(1)　航行中の運転不自由船で，対水速力があり，右げん側を見せている。

　　　　　　　　　　　　　　　　　　　　（海上衝突予防法第27条第1項）

　(2)　トロールにより漁ろうに従事している長さ50メートル未満の船舶で，対水速力があり，左げん側を見せている。

　　　　　　　　　　　　　　　　　　　　（海上衝突予防法第26条第1項）

　(3)　航行中の進路から離れることを著しく制限するえい航作業に従事している操縦性能制限船。えい航物件の後端までの距離が200メートル以下である。　　　　　　　　　　　　　（海上衝突予防法第27条第3項）

解 答 **2** 　(一)　(1)　(ア)　総トン数100トン以上の汽笛を備えている船舶

　(イ)　①　航路外から航路に入ろうとする場合

　　　　②　航路から航路外に出ようとする場合

　　　　③　航路を横断しようとする場合

　　　　　　　　　　　（海上交通安全法第7条，同法施行規則第6条第1項）

　(2)　以下から3つ選ぶ。

　　①　来島長瀬ノ鼻潮流信号所

　　②　来島大角鼻潮流信号所

　　③　大浜潮流信号所

　　④　津島潮流信号所　　　　　　　　　（海上交通安全法施行規則第9条）

（二）（1）（ア）　Ａ丸

　　　　（イ）　汽艇等は，港内においては，汽艇等以外の船舶の進路を避けなけれ
　　　　　ばならない。　　　　　　　　　　　　　（港則法第18条第1項）

　　（2）　以下から3つ選んで解答。

　　　　①　海難を避けようとするとき

　　　　②　運転の自由を失ったとき

　　　　③　人命又は急迫した危険のある船舶の救助に従事するとき

　　　　④　港長の許可を受けて工事又は作業に従事するとき　（港則法第12条）

解答 3　（一）　大型船舶若しくはえい航作業に従事している船舶に接近し，
　又は近距離で他の船舶に接近するときは，これと衝突するおそれがあり得
　ることを考慮しなければならない。　　　　（海上衝突予防法第7条第4項）

（二）　答：（2）　午後8時から翌日の午前5時まで　　　（船員法第86条第1項）

（三）　防火性のふた付きの容器に収める等これを安全に処理しなければならな
　い。　　　　　　　　　　　　　　　　　　（船員労働安全衛生規則第22条）

（四）（1）　人が不要とした物（油及び有害液体物質を除く。）をいう。

　　　　　　　（海洋汚染等及び海上災害の防止に関する法律第3号第6号）

　　（2）　船底にたまった油性混合物をいう。

　　　　　　　（海洋汚染等及び海上災害の防止に関する法律第3号第12号）

2024年2月　定期

法規に関する科目

（配点　各問100，総計300）

〈2　時　間〉

問題1　海上衝突予防法に関する次の問いに答えよ。

(一)　視界制限状態にある水域を航行中の動力船について：

  (1)　機関は，どのようにしておかなければならないか。

  (2)　前方近距離に，他の船舶が行う視界制限状態における音響信号を聞いた場合は，他の船舶と衝突するおそれがないと判断した場合を除き，どのようにしなければならないか。

(二)　「各種船舶間の航法」に関し，航行中の帆船（漁ろうに従事している船舶を除く。）と航行中の漁ろうに従事している船舶とが接近し，衝突するおそれがある場合，両船は，それぞれどのような措置をとらなければならないか。

(三)　下図(1)～(3)に示す灯火及び形象物は，それぞれどのような船舶のどのような状態を表すか。ただし，図中の○は白灯，◎は紅灯，⊗は緑灯を，また，(3)は形象物を示す。

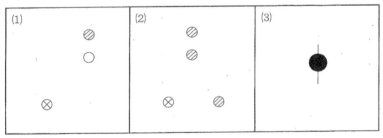

問題2　(一)　港則法に関する次の問いに答えよ。

  (1)　右図に示すように，港内において入航中の動力船A（総トン数1000トン）と出航中の動力船B（総トン数600トン）とが防波堤の入口付近で出会うおそれがあるとき，A及びBはそれぞれどのような措置をとらなければならないか。

  (2)　喫煙等の制限についてはどのように規定されているか。

(二)　海上交通安全法及び同法施行規則に関する次の問いに答えよ。

(1) 次の用語の意義は，それぞれどのように定められているか。

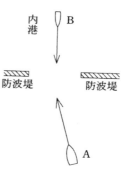

　(ア) 巨大船　　　　(イ) 漁ろう船等

　(ウ) 船　舶

(2) 備讃瀬戸東航路をこれに沿って航行する船舶の航法について述べた次の文のうち，正しいものはどれか。

　(ア) 昼間，宇高東航路及び宇高西航路を横切るときは進路を知らせるための国際信号旗による表示を行わなければならない。

　(イ) 航路の一部の区間は，対水速力12ノット以下で航行しなければならない。

　(ウ) 夜間は，十分な余地があっても他の船舶を追い越してはならない。

　(エ) できる限り航路の中央から右の部分を航行しなければならない。

問 題 3 　(一) レーダーを使用していない船舶が，「安全な速力」を決定するに当たり特に考慮しなければならない事項として，次の(1)及び(2)のほかどのような事項があるか。　　　　　　　　　　（海上衝突予防法）

(1) 自船の停止距離，旋回性能その他の操縦性能

(2) 自船の喫水と水深との関係

(二) 船長は，発航前に次の事項に関して，どのようなことを検査しなければならないか。　　　　　　　　　　　　　　　　　（船員法施行規則）

(1) 積載物の積付け　　　　　　　(2) 喫水の状況

(三) 衛生担当者は，次の(1)～(3)の事項に関して，それぞれどのような業務を行うか。　　　　　　　　　　　　　　　（船員労働安全衛生規則）

(1) 食料及び用水

(2) 医薬品その他の衛生用品

(3) 負傷又は疾病が発生した場合

(四) 油記録簿に関して述べた次の文のうち，誤っているものはどれか。
　　　　　　　　　（海洋汚染等及び海上災害の防止に関する法律）

(1) 油記録簿の船内保存期間は，最後の記載をした日から３年間である。

(2) 油記録簿の様式，油記録簿への記載事項等は，法律で定められて

いる。

(3)　引かれ船等以外のタンカーは，油記録簿の船内備付けが義務づけられている。

(4)　油濁防止管理者が選任されていない船舶では，機関長が油記録簿に記載する。

解答 1　（一）　(1)　機関は，直ちに操作することができるようにしておかなければならない。　　　　　　　　　（海上衝突予防法第19条第 2 項）

(2)　その速力を針路を保つことができる最小限度の速力に減じなければならず，また，必要に応じて停止しなければならない。そして衝突の危険がなくなるまで十分に注意して航行しなければならない。

（海上衝突予防法第19条第 6 項）

（二）【航行中の帆船】漁ろうに従事している船舶の進路を避けなければならない。　　　　　　　　　　　　　（海上衝突予防法第18条第 2 項）

【航行中の漁ろうに従事している船舶】針路・速力を保持する。

（三）　(1)　航行中のトロール以外の漁法により漁ろうに従事している対水速力があり，右げん側を見せている。　　（海上衝突予防法第26条第 2 項）

(2)　航行中の運転不自由船で対水速力があり正面を見せている。

（海上衝突予防法第27条第 1 項）

(3)　びょう泊中の船舶　　　（海上衝突予防法第30条第 1 項第 2 号）

解答 2　（一）　(1)　入航中の汽船 A は，防波堤の外で出航中の汽船 B の進路を避けなければならない。　　　　　　　　　　　（港則法第15条）

出航中の汽船 B は，

①　A 船の動静に注意しながら，針路・速力を保持して進行する。

②　船に避航の様子がなく接近するようであれば，警告信号を行う。

（海上衝突予防法第34条第 5 項）

③　それでも B 船が接近して衝突のおそれを生じた場合は，機関を使用して行きあしを停止するなどの衝突を避けるための最善の協力動作をとる。この場合，転舵又は機関を後進にかけているときは所定の信号を行う。　　　　　　　　　　　　　（海上衝突予防法第17条第 3 項）

(2)　①　何人も，港内においては，相当の注意をしないで，油送船の附近で喫煙し，又は火気を取り扱ってはならない。（港則法第37条第 1 項）

②　港長は，海難の発生その他の事情により特定港内において引火性の液体が浮流している場合において，火災の発生のおそれがあると認めるときは，当該水域にある者に対し，喫煙又は火気の取扱いを制限し，又は禁止することができる。　　　　　　（港則法第37条第2項）

(二)　(1)　(ア)　長さ200メートル以上の船舶

　　　　　　　　　　　（海上交通安全法第2条第2項第2号）

　　　　(イ)　次の船舶。

　　　　　　①　漁ろうに従事している船舶

　　　　　　②　工事又は作業を行っているために接近してくる他の船舶の進路を避けることが容易でない国土交通省令で定める船舶で，国土交通省令で定めるところにより灯火又は標識は表示しているもの。

　　　　　　　　　　　（海上交通安全法第2条第2項第3号）

　　　　(ウ)　水上輸送の用に供する船舟類をいう。

　　　　　　　　　　　（海上交通安全法第2条第2項第1号）

　　(2)　(イ)　　　（海上交通安全法第5条，同法施行規則第4条）

解答 3　(一)　(1)　①　視界の状態

　　②　船舶交通のふくそうの状況

　　③　夜間における陸岸の灯火，自船の灯火の反射等による灯光の存在

　　④　風，海面及び海潮流の状態並びに航路障害物に接近した状態

　　　　　　　　　　　（海上衝突予防法第6条）

(二)　(1)　積載物の積付けが船舶の安定性をそこなう状況にないこと。

　　　　　　　　　　　（船員法施行規則第2条の2第2号）

　　(2)　喫水の状況から判断して船舶の安全性が保たれていること。

　　　　　　　　　　　（船員法施行規則第2条の2第3号）

(三)　(1)　衛生の保持に関する業務

　　(2)　点検及び整備に関する業務

　　(3)　適当な救急措置に関する業務

　　　　　　　　　　　（船員労働安全衛生規則第8条第1項第2〜4号）

(四)　答　(4)　（海洋汚染等及び海上災害の防止に関する法律第7条第2項）

　　〈参考〉(4)　誤り：船長が記載する。

　　(1)　正解：（海洋汚染等及び海上災害の防止に関する法律第8条第3項）

　　(2)　正解：（海洋汚染等及び海上災害の防止に関する法律第8条第4項）

　　(3)　正解：（海洋汚染等及び海上災害の防止に関する法律第8条第1項）

※※※※※※※※※ 受 験 参 考 書 ※※※※※※※※※

国土交通省海事局海技課監修

海 技 試 験 六 法〈2024〉

B6判・1940頁・定価 5,500円（税込）

口述試験場に持ち込める唯一の専用六法。海技試験科目細目に基づいた配列により，2024 年1月 19 日現在で収録。主要 16法令は参照条文つき。

国土交通省大臣官房総務課監修

実 用 海 事 六 法〈2024〉

B6判・3752頁・定価 48,400円（税込）

海事関係法令の中より使用頻度の高い重要法令を最大限にとり入れたコンパクトタイプの実用六法。法令の改正経緯，参照条文を注記して使いやすさを追求。船員，船舶，航海，機関，漁船に関する法令の全条文と関係法令 170 件を収録。

国土交通省海事局海技課監修

最新 船舶職員及び
小型船舶操縦者法関係法令

A5判・632頁・定価 7,480円（税込）

法律・政令・省令・告示など，2022 年 11 月10 日現在の改正法令を収録した最新版。

国土交通省海事局船員政策課監修

最新 船員法及び関係法令

A5判・640頁・定価 7,700円（税込）

法律・政令・省令・告示など，2023 年 9 月25 日現在の改正法令等のすべてを収録した最新版。

航海訓練所シリーズ　　(独法)海技教育機構 編著

読んでわかる 三級航海 航海編 2訂版

B5判・360頁・定価 4,400円（税込）

航海に必要な，航海計器，気象・海象，航海計画を新しい図や資料で解説。

読んでわかる 三級航海 運用編 2訂版

B5判・280頁・定価 3,850円（税込）

操船はもとより，船舶の復原性，非常時の対応から環境保護まで運用全般を網羅。

読んでわかる 機関基礎 2訂版

B5判・120頁・定価 1,980円（税込）

船舶の機関士を目指す人のために，力学・工学，機関の基礎を順を追って解説。

練習用天測暦【平成27年】　　B5判・定価 1,650円（税込）

練習用海図【15号】【16号】　　B3判・各定価 198円（税込）

位置決定用図 −試験用−　　B3判・定価 165円（税込）

海上衝突予防法(第三章)
灯火及び形象物の図解 （ポスター）　　37cm×71cm 定価 770円（税込）

※最新の情報は，➡ https://www.seizando.co.jp

五級海技士(航海)筆記試験
■問題と解答■ 　(2020/4〜2024/2)

定価はカバーに
表示してあります。

2024年6月28日　初版発行

編　者　航海技術研究会
発行者　小 川 啓 人
印　刷　亜細亜印刷株式会社
製　本　東京美術紙工協業組合

発行所 株式会社 成山堂書店

〒160-0012　東京都新宿区南元町4番51　成山堂ビル
TEL:03(3357)5861　　FAX:03(3357)5867
URL　https://www.seizando.co.jp
落丁・乱丁本はお取り換えいたしますので,小社営業チーム宛にお送りください。

❖辞　典・外国語❖

✢辞　典✢

英和海事大辞典（新装版）	逆井編	17,600円
和英 英和船舶用語辞典（2訂版）	東京商船大辞 典編集委員会編	5,500円
英和海洋航海用語辞典（2訂増補版）	四之宮編	3,960円
英和 和英機関用語辞典（2訂版）	升田編	3,520円
新訂 図解 船舶・荷役の基礎用語	宮本編著 新日検改訂	4,730円
LNG船・荷役用語集（改訂版）	ダイアモンド・ガス・ オペレーション㈱編	6,820円
海に由来する英語事典	飯島・丹羽共訳	7,040円
船舶安全法関係用語事典（第2版）	上村編著	8,580円
最新ダイビング用語事典	日本水中科学協会編	5,940円
世界の空港事典	岩見他編著	9,900円

✢外国語✢

新版英和 対訳IMO標準海事通信用語集	海事局 監　修	5,500円
英文 和文新訂 航海日誌の書き方	水島著	2,420円
実用英文機関日誌記載要領	岸本 大橋共著	2,200円
新訂 船員実務英会話	水島編著	1,980円
復刻版海の英語 ―イギリス海事用語根源―	佐波著	8,800円
海の物語（改訂増補版）	商船高専 英語研究会編	1,760円
機関英語のベスト解釈	西野著	1,980円
海の英語に強くなる本 ―海技試験を徹底攻略―	桑田著	1,760円

❖法令集・法令解説❖

✢法　令✢

海事法令 シリーズ ①海運六法	海事局 監　修	23,100円
海事法令 シリーズ ②船舶六法	海事局 監　修	52,800円
海事法令 シリーズ ③船員六法	海事局 監　修	41,250円
海事法令 シリーズ ④海上保安六法	保安庁 監　修	23,650円
海事法令 シリーズ ⑤港湾六法	海事法令 研究会編	23,100円
海技試験六法	海技課 監　修	5,500円
実用海事六法	国土交通 省監　修	46,200円
最新小型船舶 漁船安全関係法令	安基課・測 度課監　修	7,040円
加除式危険物船舶運送及び 貯蔵規則並びに関係告示（加除済み台本）	海事局 監　修	30,250円
危険物船舶運送及び 貯蔵規則並びに関係告示（追録23号）	海事局 監　修	29,150円
最新船員法及び関係法令	船員政策課 監　修	7,700円
最新船舶職員及び小型船舶操縦者法 関係法令	海技・振興課 監　修	7,480円
最新水先法及び関係法令	海事局 監　修	3,960円
英和対訳 2021年STCW条約［正訳］	海事局 監　修	30,800円
英和対訳 国連海洋法条約［正訳］	外務省海洋課 監　修	8,800円
英和対訳 2006年ILO　［正訳］ 海上労働条約 2021年改訂版	海事局 監　修	7,700円
船舶油濁損害賠償保障関係法令・条約集	日本海事 センター編	7,260円
国際船舶・港湾保安法及び関係法令	政策審議 官　監　修	4,400円

✢法令解説✢

シップリサイクル条約の解説と実務	大坪他著	5,280円
海事法規の解説	神戸大学編	5,940円
四・五・六級海事法規読本（3訂版）	及川著	3,740円
運輸安全マネジメント制度の解説	木下著	4,400円
船舶検査受検マニュアル（増補改訂版）	海事局 監　修	22,000円
船舶安全法の解説（5訂版）	有馬 編	5,940円
図解 海上衝突予防法（11訂版）	藤本著	3,520円
図解 海上交通安全法（10訂版）	藤本著	3,520円
図解 港則法（3訂版）	國枝・竹本著	3,520円
逐条解説 海上衝突予防法	河口著	9,900円
海洋法と船舶の通航（増補2訂版）	日本海事 センター編	3,520円
船舶衝突の裁決例と解説	小川著	7,040円
海難審判裁決評釈集	21海事総合 事務所編著	5,060円
1972年国際海上衝突予防規則の解説（第7版）	松井・赤地 ・久古共訳	6,600円
新編 漁業法のここが知りたい（2訂増補版）	金田著	3,300円
新編 漁業法詳解（増補5訂版）	金田著	10,890円
概説 改正漁業法	小松監修 有薗著	3,740円
実例でわかる漁業法と漁業権の課題	小松 有薗共著	4,180円
海上衝突予防法史概説	岸本編著	22,407円
航空法（2訂版） ―国際法と航空法令の解説―	池内著	5,500円

❈海運・港湾・流通❈

✣海運実務✣

新訂 外航海運概論（改訂版）	森編著	4,730円
内航海運概論	畑本・古荘共著	3,300円
設問式 定期傭船契約の解説（新訂版）	松井著	5,940円
傭船契約の実務的解説（3訂版）	谷本・宮脇共著	7,700円
設問式 船荷証券の実務的解説	松井・黒澤編著	4,950円
設問式 シップファイナンス入門	秋葉編著	3,080円
設問式 船舶衝突の実務的解説	田川監修・藤沢著	2,860円
海損精算人が解説する共同海損実務ガイダンス	重松監修	3,960円
LNG船がわかる本（新訂版）	糸山著	4,840円
LNG船運航のABC（2訂版）	日本郵船LNG船運航研究会 著	4,180円
LNGの計量 ―船上計量から熱量計算まで―	春田著	8,800円
ばら積み船の運用実務	関根監修	4,620円
載貨と海上輸送（改訂版）	運航技術研編	4,840円

海上貨物輸送論	久保著	3,080円
国際物流のクレーム実務 ―NVOCCはいかに対処するか―	佐藤著	7,040円
船会社の経営破綻と実務対応	佐藤・雨宮共著	4,180円
海事仲裁がわかる本	谷本著	3,080円

✣海難・防災✣

新訂 船舶安全学概論（改訂版）	船舶安全学研究会著	3,080円
海の安全管理学	井上著	2,640円

✣海上保険✣

漁船保険の解説	三宅・浅田・菅原共著	3,300円
海上リスクマネジメント（2訂版）	藤沢・横山・小林共著	6,160円
貨物海上保険・貨物賠償クレームのQ&A（改訂版）	小路丸著	2,860円
貿易と保険実務マニュアル	石原・土屋・水落・吉永共著	4,180円

✣液体貨物✣

液体貨物ハンドブック（2訂版）	日本海事検定協会監修	4,400円

■油濁防止規程	内航総連編		■有害液体汚染・海洋汚染防止規程	内航総連編
150トン以上200トン未満タンカー用	1,100円		有害液体汚染防止規程（150トン以上200トン未満）	1,320円
200トン以上タンカー用	1,100円		〃 （200トン以上）	2,200円
400トン以上ノンタンカー用	1,760円		海洋汚染防止規程（400トン以上）	3,300円

✣港　湾✣

港湾倉庫マネジメント ―戦略的思考と黒字化のポイント―	春山著	4,180円
港湾知識のABC（13訂版）	池田・恩田共著	3,850円
港湾実務の解説（6訂版）	田村著	4,180円
新訂 港運がわかる本	天田・恩田共著	4,180円
港湾荷役のQ&A（改訂増補版）	港湾荷役機械システム協会編	4,840円
港湾政策の新たなパラダイム	篠原著	2,970円
コンテナ港湾の運営と競争	川崎・寺田・手塚編著	3,740円
日本のコンテナ港湾政策	津守著	3,960円
クルーズポート読本（2024年版）	みなと総研監修	3,080円
「みなと」のインフラ学	山縣・加藤編著	3,300円

✣物流・流通✣

国際物流の理論と実務（6訂版）	鈴木著	2,860円
すぐ使える実戦物流コスト計算	河西著	2,200円
新流通・マーケティング入門	金他共著	3,080円
グローバル・ロジスティクス・ネットワーク	柴崎編	3,080円

増補改訂 貿易物流実務マニュアル	石原著	9,680円
輸出入通関実務マニュアル	石原・松岡共著	3,630円
ココで差がつく！貿易・輸送・通関実務	春山著	3,300円
新・中国税関実務マニュアル	岩見著	3,850円
リスクマネジメントの真髄 ―現場・組織・社会の安全と安心―	井上編著	2,200円
ヒューマンファクター ―安全な社会づくりをめざして―	日本ヒューマンファクター研究所編	2,750円
シニア社会の交通政策 ―高齢化時代のモビリティを考える―	高田著	2,860円
交通インフラ・ファイナンス	加藤・手塚共著	3,520円
ネット通販時代の宅配便	林・根本編著	3,080円
道路課金と交通マネジメント	根本・今西編著	3,520円
現代交通問題 考	衛藤監修	3,960円
運輸部門の気候変動対策	室町著	3,520円
交通インフラの運営と地域政策	西藤著	3,300円
交通経済	今城監訳	3,740円
駐車施策からみたまちづくり	高田監修	3,520円

❖航　海❖

航海学（上）（6訂版）（下）（5訂版）	辻・航海学研究会著	4,400円 4,400円
航海学概論（改訂版）	鳥羽商船高専ナビゲーション技術研究会編	3,520円
航海応用力学の基礎（3訂版）	和田著	4,180円
実践航海術	関根監修	4,180円
海事一般がわかる本（改訂版）	山崎著	3,300円
天文航法のABC	廣野著	3,300円
平成27年練習用天測暦	航技研編	1,650円
新訂 初心者のための海図教室	吉野著	2,530円
四・五・六級航海読本（2訂版）	及川著	3,960円
四・五・六級運用読本（改訂版）	及川著	3,960円
船舶運用学のABC	和田著	3,740円
魚探とソナーとGPSとレーダーと舶用電子機器の極意（改訂版）	須磨著	2,750円
新版 電波航法	今津・棚野共著	2,860円
航海計器シリーズ①基礎航海計器（改訂版）	米沢著	2,640円

航海計器②新訂 ジャイロコンパスとシリーズ 増補 オートパイロット	前畑著	4,180円
航海計器③新訂 電波計器シリーズ	若林著	4,400円
舶用電気・情報基礎論	若林著	3,960円
詳説 航海計器（改訂版）	若林著	4,950円
航海当直用レーダープロッティング用紙	航海技術研究会編著	2,200円
操船の理論と実際（増補版）	井上著	5,280円
操船実学	石畑著	5,500円
曳船とその使用法（2訂版）	山縣著	2,640円
船舶通信の基礎知識（3訂増補版）	鈴木著	3,300円
旗と船舶通信（6訂版）	三谷・古藤共著	2,640円
大きな図で見るやさしい実用ロープ・ワーク（改訂版）	山崎著	2,640円
ロープの扱い方・結び方	堀越・橋本共著	880円
How to ロープ・ワーク	及川・石井・亀田共著	1,100円

❖機　関❖

機関科一・二・三級執務一般	細井・佐藤・須藤共著	3,960円
機関科四・五級執務一般（3訂版）	海教研編	1,980円
機関学概論（改訂版）	大島商船高専マリンエンジニア育成会編	2,860円
機関計算問題の解き方	大西著	5,500円
舶用機関システム管理	中井著	3,850円
初等ディーゼル機関（改訂増補版）	黒沢著	3,740円
新訂 舶用ディーゼル機関教範	岡田他共著	4,950円
舶用ディーゼルエンジン	ヤンマー編著	2,860円
初心者のためのエンジン教室	山田著	1,980円
蒸気タービン要論	角田著	3,960円
詳説舶用蒸気タービン（上）（下）	古川・杉田共著	9,900円 9,900円

なるほど納得!パワーエンジニアリング（基礎編）（応用編）	杉田著	3,520円 4,950円
ガスタービンの基礎と実際（3訂版）	三輪著	3,300円
制御装置の基礎（3訂版）	平野著	4,180円
ここからはじめる制御工学	伊藤監修・章著	2,860円
舶用補機の基礎（増補9訂版）	島田・渡邉共著	5,940円
舶用ボイラの基礎（6訂版）	西野・角田共著	6,160円
船舶の軸系とプロペラ	石原著	3,300円
舶用金属材料の基礎	盛田著	4,400円
金属材料の腐食と防食の基礎	世利著	3,080円
わかりやすい材料学の基礎	菱田著	3,080円
エンジニアのための熱力学	刑部監修・角田・山口共著	4,400円

■航海訓練所シリーズ（海技教育機構編著）

帆船　日本丸・海王丸を知る（改訂版）	2,640円	読んでわかる　三級航海　運用編（2訂版）	3,850円
読んでわかる　三級航海　航海編（2訂版）	4,400円	読んでわかる　機関基礎（2訂版）	1,980円

❖造船・造機❖

基本造船学（船体編）	上野 著	3,300円		SFアニメで学ぶ船と海	鈴木 著 達沢	2,640円
英和版新 船体構造イラスト集	惠美 著・作画	6,600円		船舶海洋工学シリーズ①〜⑫	日本船舶海洋 工学会 監修	3,960〜 5,280円
海洋底掘削の基礎と応用	日本船舶 海洋工学会 編	3,080円		船舶で躍進する新高張力鋼	北田 福井 著	5,060円
流体力学と流体抵抗の理論	鈴木 著	4,840円		船舶の転覆と復原性	慎 著	4,400円
水波問題の解法	鈴木 著	5,280円		LNG・LH2のタンクシステム	古林 著	7,480円
商船設計の基礎知識（改訂版）	造船テキスト 研究会 著	6,160円				

❖海洋工学・ロボット・プログラム言語❖

海洋計測工学概論（改訂版）	田口 田畑 共著	4,840円		沿岸域の安全・快適な居住環境	川西・堀田共著	2,750円
海洋音響の基礎と応用	海洋音響 学会 編	5,720円		海洋建築序説	海洋建築研 究会 編	3,520円
ロボット工学概論（改訂版）	中川 伊藤 共著	2,640円		海洋空間を拓く―メガフロートから海上都市へ―	海洋建築研 究会 編	1,870円
水波工学の基礎（改訂増補版）	増田・居駒・ 惠藤 共著	3,850円				

❖史資料・海事一般❖

✦史資料✦

海なお深く（上）（下）	全国船員組合編	2,970円 2,970円		海水の疑問50	日本海水学会編	1,760円
日本漁具・漁法図説（4訂版）	金田 著	22,000円		エビ・カニの疑問50	日本甲殻類学会編	1,760円
日本の船員と海運のあゆみ	藤丸 著	3,300円		クジラ・イルカの疑問50	加藤・中村編著	1,760円
文明の物流史観	黒田・小林共著	3,080円		魚の疑問50	高橋編	1,980円

✦海事一般✦

				貝の疑問50	日本貝類学会編	1,980円
海上保安ダイアリー	海上保安ダイアリー 編集委員会 編	1,210円		海上保安庁 特殊救難隊	「海上保安庁特殊救難隊」 編集委員会 編	2,200円
船舶知識のABC（11訂版）	池田・高嶋共著	3,630円		海洋の環	海洋政策研究所訳	2,860円
海洋気象講座（12訂版）	福地 著	5,280円		どうして海のしごとは大事なの？	「海のしごと」 編集委員会 編	2,200円
基礎からわかる海洋気象	堀 著	2,640円		タグボートのしごと	日本港湾タグ事業協会監修	2,200円
逆流する津波	今村 著	2,200円		サンゴ	山城 著	2,420円
新訂 ビジュアルでわかる船と海運のはなし（増補2訂版）	拓海 著	3,520円		サンゴの白化	中村 山城 編著	2,530円
改訂増補 南極読本	南極OB会編	3,300円		The Shell	遠藤貝類博物館著	2,970円
北極読本	南極OB会編	3,300円		美しき貝の博物図鑑	池田 著	3,520円
南極観測船「宗谷」航海記	南極OB会編	2,750円		タカラガイ・ブック（改訂版）	池田 訳見 共著	3,520円
南極観測60年 南極大陸大紀行	南極OB会編	2,640円		東大教授が考えた おいしい海藻レシピ73	小柳津 高木 共著	1,485円
人魚たちのいた時代―失われゆく海女文化―	大崎 著	1,980円		魅惑の貝がらアート セーラーズバレンタイン	飯室 著	2,420円
海の訓練ワークブック	日本海洋少年 団連盟 監修	1,760円		竹島をめぐる韓国の海洋政策	野中 著	2,970円
スキンダイビング・セーフティ（2版）	岡本・千足・ 藤本・須賀共著	1,980円		IWC脱退と国際交渉	森下 著	4,180円
ドクター山見のダイビング医学	山見 著	4,400円		水産エコラベル ガイドブック	大日本水産会編	2,640円
島の博物事典	加藤 著	5,500円		水族育成学入門	間野・鈴木共著	4,180円
世界に一つだけの深海水族館	石垣監修	2,200円		東日本大震災後の放射性物質と魚	水研機構著	2,200円
潮干狩りの疑問77	原田 著	1,760円		灯台旅 ―悠久と郷愁のロマン―	藤井 著	2,860円
				東京大学の先生が教える海のはなし	茅根・丹羽編著	2,750円

■交通ブックス

208 新訂 内航客船とカーフェリー	池田著	1,650円
211 青函連絡船 洞爺丸転覆の謎	田中著	1,650円
215 海を守る 海上保安庁 巡視船(改訂版)	邊見著	1,980円
217 タイタニックから飛鳥Ⅱへ ―客船からクルーズ船への歴史―	竹野著	1,980円
218 世界の砕氷船	赤井著	1,980円
219 北前船の近代史―海の豪商が遺したもの―	中西著	2,200円
220 客船の時代を拓いた男たち	野間著	1,980円
221 海を守る海上自衛隊 艦艇の活動	山村著	1,980円

❖受験案内❖

海事代理士合格マニュアル(7訂版)	日本海事代理士会 編	4,290円	気象予報士試験精選問題集	気象予報士試験研究会 編著	3,300円
海事代理士口述試験対策問題集	坂爪著	3,740円	海上保安大学校・海上保安学校採用試験問題解答集―その傾向と対策―(2訂版)	海上保安入試研究会 編	3,630円
海上保安大学校海上保安学校への道	海上保安協会監修	2,200円	初めての人にもわかる宅建士教科書	中神著	3,630円
自衛官採用試験問題解答集	防衛協力会編	5,830円			

❖教　材❖

位置決定用図(試験用)	成山堂編	165円	練習用海図(150号/200号 両面刷)	成山堂編	330円
練習用海図(15号)(16号)	成山堂編	198円198円	灯火及び形象物の図解	航行安全課監修	770円
練習用海図(150号・200号)	成山堂編	各165円			

❖試験問題❖

一・二・三級海技士(航海)口述試験の突破(7訂版)	藤井野間共著	6,160円	機関科四・五級口述試験の突破(2訂版)	坪 著	4,840円
二級・三級海技士(航海)口述試験の突破(航海)(6訂版)	平野岡本共著	2,970円	六級海技士(航海)筆記試験の完全対策(4訂版)	小須田編著	3,300円
二級・三級海技士(航海)口述試験の突破(運用)(7訂版)	堀滝本共著	3,080円	四・五・六級海事法規読本(3訂版)	及川著	3,740円
二級・三級海技士(航海)口述試験の突破(法規)(7訂版)	岩瀬万谷共著	4,180円	ステップアップのための新訂 一級小型船舶操縦士試験問題[模範解答と解説]	片寄著國枝改訂	2,860円
四級・五級海技士(航海)口述試験の突破(8訂版)	船長養成協会編	3,960円	新訂 二級小型船舶操縦士試験問題[解説と問題]	片寄著國枝改訂	2,860円
五級海技士(航海)筆記試験 問題と解答	航海技術研究会編	3,300円	五級海技士(機関)筆記試験 問題と解答	機関技術研究会 編	2,970円
機関科一・二・三級口述試験の突破(4訂版)	坪 著	6,160円			

■最近3か年シリーズ(問題と解答)

一級海技士(航海)800題	3,520円		一級海技士(機関)800題	3,630円
二級海技士(航海)800題	3,520円		二級海技士(機関)800題	3,520円
三級海技士(航海)800題	3,520円		三級海技士(機関)800題	3,520円
四級海技士(航海)800題	2,530円		四級海技士(機関)800題	2,530円